3ds Max&VRay
室内材质表现
白金手册

● 赵伟楠 编著

人民邮电出版社
北京

图书在版编目（CIP）数据

3ds Max&VRay室内材质表现白金手册 / 赵伟楠编著
. -- 北京 : 人民邮电出版社, 2015.5
ISBN 978-7-115-38718-9

Ⅰ. ①3… Ⅱ. ①赵… Ⅲ. ①室内装饰设计－计算机
辅助设计－三维动画软件－手册 Ⅳ. ①TU238-39

中国版本图书馆CIP数据核字(2015)第059344号

内 容 提 要

　　本书是"白金手册"系列教材中的一本。全书共 14 章，第 1 章介绍了室内环境与材质的关系；第 2 章~
第 12 章分别以案例的形式讲解了玻璃、金属、石材、布料、皮革、瓷器、木质、绿植、流体、水果和墙面等
材质的制作方法；第 13 章讲解了室内其他材质的制作方法；第 14 章介绍了在 Photoshop 中制作地板贴图、无
缝贴图、地面和墙面的反射效果，以及墙面做旧效果的方法。

　　随书附赠 1 张 DVD9 多媒体教学光盘，视频内容包括书中所有材质的制作方法和附赠的火星精华教学视
频——VRay 材质表现速查，时长 24 小时；素材内容包括书中所有案例的场景文件和素材文件。

　　本书可作为室内渲染、环艺设计、景观设计和三维建筑设计等相关专业学生和爱好者的自学用书，也可
作为高等院校艺术设计等相关专业的教材。

　◆ 编　　著　赵伟楠
　　　责任编辑　杨　璐
　　　责任印制　程彦红

　　　人民邮电出版社出版发行　　北京市丰台区成寿寺路 11 号
　　　邮编 100164　电子邮件 315@ptpress.com.cn
　　　网址 http://www.ptpress.com.cn
　　　北京市雅迪彩色印刷有限公司印刷

　◆ 开本：787×1092　1/16
　　　印张：14.5
　　　字数：381 千字　　　　　　　　　2015 年 5 月第 1 版
　　　印数：1－4 000 册　　　　　　　　2015 年 5 月北京第 1 次印刷

定价：78.00 元（附光盘）
读者服务热线：(010)81055410　印装质量热线：(010)81055316
反盗版热线：(010)81055315
广告经营许可证：京崇工商广字第 0021 号

火星图书 造就非凡 成就梦想

3ds Max&VRay 室内材质表现
白金手册

HXSD201412-171

丛书编委会

总编 (Editor-in-Chief)　　　　王　琦（Wang Qi）

执行主编 (Executive Editor)　　李才应（Li Caiying）

项目负责 (Project Manager)　　陈　静（Chen Jing）

文稿编辑 (Editor)　　　　　　陈　静（Chen Jing）

美术编辑 (Art Designer)　　　王丹丹（Wang Dandan）

版面构成 (Layout)　　　　　　梅晓云（Mei Xiaoyun）

多媒体编辑 (Multimedia Editor)　贾培莹（Jia Peiying）

网络推广 (Internet Marketing)　网站部（Website Department）

作者简介

赵伟楠（个人网站 www.zerocgn.com）

出生于 1981 年 2 月，自小学习美术，至今已有 26 年画龄，于 2004 年毕业于辽宁工学院艺术设计系，毕业后一直从事建筑表现方面的工作。2004 年 10 月开始了第一段工作旅程——在广州建筑动画公司工作；2006 年来到深圳日企效果图制作公司，在这里掌握了对工作的控制能力及刻画细节的能力；2007 年来到北京，在专业效果图制作公司担任技术总监，参加过多次国家级、省级的项目投标工作，均取得良好的效果。

前言 Foreword

CG（计算机图形）是 Computer Graphics 的缩写。随着以计算机为主要工具进行视觉设计和生产的一系列相关产业的形成，国际上习惯将利用计算机技术进行视觉设计和生产的领域通称为 CG。它既包括技术也包括艺术，几乎囊括了当今计算机时代中所有的视觉艺术创作活动，如三维动画、影视特效、平面设计、网页设计、多媒体技术、印前设计、建筑设计和工业造型设计等。在火星网（www.hxsd.com）上与此相关的信息一应俱全，包括 CG 信息、CG 作品、CG 教程、CG 黄页、CG 招聘、CG 外包、CG 视频、CG 图库和 CG 图书等。

火星时代自 1999 年创建，自主的业内知名品牌"火星人"从 1995 年延续至今，"火星课堂"图书也畅销海内外，历经十多年的历史，也正好是 CG 产业在中国的 10 年发展历程。火星时代涵盖了全部的 CG 领域项目，集影视动画的设计制作、专业培训、教材出版和网络媒体于一身。响应市场需求和社会潮流，推动和普及 CG 领域中建筑表现技术的应用，为社会输送急需的建筑室内外表现人才，是火星时代的使命之一。火星时代相继开设了 3ds Max 建筑表现渲染班、3ds Max 建筑表现模型班、3ds Max 室内表现班、3ds Max 建筑表现班、3ds Max 建筑表现长期班，与此同时策划出版了《3ds Max&VRay 室内渲染火星课堂（第 3 版）》、《3ds Max&VRay 室外渲染火星课堂（第 3 版）》、《3ds Max&VRay 建筑动画火星课堂（第 3 版）》、《3ds Max&SketchUp 室外建模火星课堂（第 3 版）》、《3ds Max&SketchUp 室内建模火星课堂（第 3 版）》、《3ds Max&VRay 室内家装火星课堂》和《3ds Max&VRay 建筑全模型渲染火星课堂（第 2 版）》等图书。

VRay渲染器主要外挂于3ds Max平台，目前面向Maya、Rhino、SketchUp等其他3D程序接口的VRay渲染器也已陆续推出。VRay渲染器主要用于产品设计、室内外装潢设计和建筑设计等渲染中，VRay真实的光线能创建出专业的照片级效果；VRay的特点是渲染速度快，目前很多制作公司使用它来表现产品效果，制作建筑动画和效果图。

本书由火星时代实训基地倾力打造，秉承火星时代图书结构严谨、讲解细腻的风格，贯彻"授人以鱼，不如授之以渔"的理念，将 VRay 室内材质表现完美传达给广大读者。

全书共 14 章，讲解了 103 种室内材质的表现方法，包括玻璃、金属、石材、布料、皮革、瓷器、木质、绿植、流体、水果和墙面等材质，以及在 Photoshop 中制作地板贴图、无缝贴图、地面和墙面的反射效果、墙面做旧效果。

第 1 章 "环境与材质" 主要讲解环境与材质的相互影响，以及环境对材质质感的影响。

第 2 章 "玻璃材质" 主要介绍 VRay 制作玻璃材质的方法，包括平板玻璃、磨砂玻璃、压花玻璃、彩色玻璃、乳白玻璃和水晶等 12 种玻璃材质。

第 3 章 "金属材质" 主要讲解 VRay 制作金属材质的方法，包括不锈钢、磨砂金属、拉丝金属、镂空金属、铁锈金属和黄金金属等 10 种金属材质。

第 4 章 "石材材质" 主要讲解 VRay 制作石材材质的方法，包括大理石、瓷砖、马赛克、玉石、红宝石和猫眼石等 11 种金属材质。

第 5 章 "布料材质" 主要介绍 VRay 制作布料材质的方法，包括遮阳帘、布沙发、毛巾、绒布、地毯和丝绸 8 种布料材质。

第 6 章 "皮革材质"主要介绍 VRay 制作皮革的方法，包括人造皮革、鳄鱼皮、虎皮、牛皮、材质和 PU6 种皮革材质。

第 7 章 "瓷器材质"主要介绍 VRay 制作瓷器材质的方法，包括白瓷、青瓷、青白瓷、黑瓷、彩绘瓷和彩色釉 6 种瓷器材质。

第 8 章 "木材材质"主要讲解 VRay 制作木材材质的方法，包括亚光地板、拼花地板、实木地板、木纹、黑胡桃树、红木和枯树等 10 种木材材质。

第 9 章 "绿植材质"主要介绍 VRay 制作绿色植物材质的方法，包括针叶、阔叶、花卉、竹子和藤叶 5 种绿色植物材质。

第 10 章 "水果材质"主要介绍 VRay 制作水果材质的方法，包括苹果、香蕉、香橙、草莓、西瓜、樱桃和葡萄等 10 种水果材质。

第 11 章 "流体材质"主要介绍 VRay 制作流体材质的方法，包括牛奶、咖啡、矿泉水、浴池水、红酒和橙汁 6 种流体材质。

第 12 章 "VRay 墙面材质"主要讲解 VRay 制作墙面材质的方法，包括乳胶漆、硅胶漆、壁纸和墙布等 6 种墙面材质。

第 13 章 "室内其他材质"主要讲解 VRay 制作室内其他材质的方法，包括面包、塑料、钢琴漆和火焰等 8 种室内其他材质。

第 14 章 "材质制作技术"主要讲解地板材质制作技术、无缝纹理制作技术、假反射效果制作技术、假光源效果制作技术和旧材质的制作方法。

由于作者编写水平有限，书中如有不妥之处，恳请广大读者批评指正。如果读者在阅读本书的过程中遇到问题，可以登录火星网 http://www.hxsd.com 的 "论坛" 或 "火星图书" 栏目提出问题，将会有火星时代老师及热心的专业人士为您解答。我们的客服 QQ 号码是 896641381。

火星时代祝您在学习的道路上百尺竿头，更进一步！

编 者
2015 年 3 月

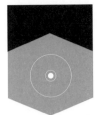

· 光盘使用说明

本书共14章，其教学内容、素材文件、附赠火星精华视频内容和素材安排在1张DVD9光盘中，光盘的内容结构如下图所示。

光盘内容说明

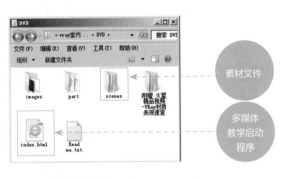

光盘使用建议

在配套光盘的"DVD\part\video"文件夹中存放了相应案例实现过程的教学视频文件。建议将该路径下的视频文件复制到硬盘中再播放，可以减少对光驱的磨损。

光盘使用步骤

① 本书的教学视频以网页的形式提供给读者，为方便读者学习与查询，直接双击光盘根目录下的Index.html文件，即可打开界面，浏览教学视频，如下图所示。

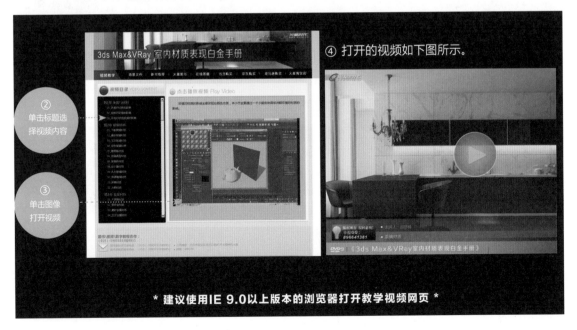

视频导读
VIDEO-CONTENTS

IN THE DISC

· 3ds Max&VRay 室内材质表现 白金手册

室内材质效果

C
CONTENTS

目　　录

第 5 章 布料材质 77

第1章
环境与材质

1.1 环境对材质的影响

　　本章将讲解"环境对材质的影响"，环境对材质的影响主要表现在颜色方面，也就是常说的"溢色"效果。那么，环境对材质具体有什么影响呢？下面将通过一个小案例进行讲解。

　　当前场景中，有一个茶壶、一个墙体及一个地面时，在场景中创建一盏VRay阳光，并且对VRay渲染器进行简单设置，效果如图1-1所示。

图1-1

　　在这个场景中，只有一个天光，天光的颜色为淡蓝色，其他物体没有被赋予任何材质和颜色。从当前场景中看，天光已经影响到了场景中的所有物体，所以说，在整个场景中，天光是最大的环境。在任何场景中，天光或阳光，都是最大的环境，它会对任何场景产生影响。

抛开光源对场景的影响，物体与物体之间也会相互影响。

在这个场景中，地面上有两个小物体，一个茶壶和一个墙面，如图1-2所示。

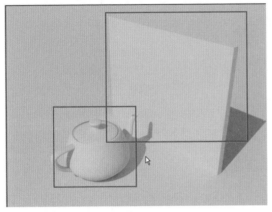

图1-2

Step 01 将墙体作为一个环境，来影响茶壶，打开［材质编辑器］，把墙体的材质颜色设置成红色，如图1-3所示。

图1-3

Step 02 这样的纯色，对于场景颜色的影响是非常的大的，对当前场景进行测试渲染，如图1-4所示。

图1-4

Step 03 观察效果，发现墙体的红色已经影响了茶壶的环境颜色，如图1-5所示。

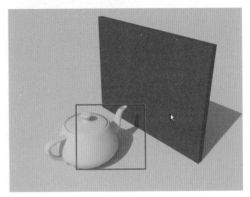

图1-5

这就是光反射，通过光反射，能使非常纯的颜色很容易反射到其他物体上，而这就是所谓的溢色效果。

在真实的室内场景中，很少会使用大面积的红色，通常作为点缀来使用。所以，在设计中或真实世界中，这种大面积的纯色，用得非常少。在这个小案例中，将大面积的纯色作为环境，可见它对其他物体的影响是非常大的，以上就是环境对物体的影响。

在真实世界中，也有一些带有材质和纹理的物体，这些纹理本身也是有颜色的，如木质或石材的地板材质，无论是什么，它都有纹理，都有它自身的颜色。这种颜色会对整个场景产生很大的影响。并且，VRay渲染器是对光感的模拟，其对溢色效果的处理和真实的溢色效果还是有一定差距的，所以在平时工作时尽量不使用纯色调节材质。

1.2 材质对环境的影响

材质对环境的影响与上一节正好截然相反，大面积的纯色墙体，溢色效果会越强烈，反之会怎么样呢？下面继续通过上一节的场景进行讲解，如图1-6所示。

图1-6

茶壶作为物体，墙体作为环境，那么，这个环境很大，物体很小，它们之间会产生什么影响呢？

在上一节中，大面积的环境对小物体影响很大，那么小物体，对大环境又有什么影响呢？下面来进行测试。

Step 01 把茶壶设置成黄色的材质，如图1-7所示。

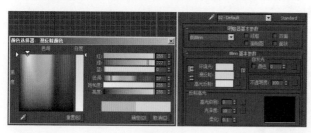

图1-7

Step 02 进行渲染，观察效果，如图1-8所示。

图1-8

Step 03 放大查看，在茶壶底部的阴影处，有非常

微弱的黄色，在左侧的光照部分可以很明显地看到黄色的影响，如图1-9所示。

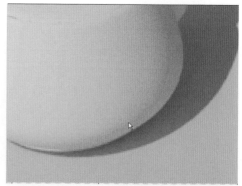

图1-9

Step 04 再看红色的墙体，并没有受到黄色茶壶的影响，如图1-10所示。也就是说，溢色也是有衰减的，越大面积的纯色，对其他物体的影响也就越大，影响的范围也就越大；面积越小的物体，影响范围越小，溢色的效果越不强烈。

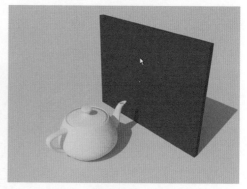

图1-10

Step 05 下面把这两个物体的大小调换试一下，如图1-11所示。

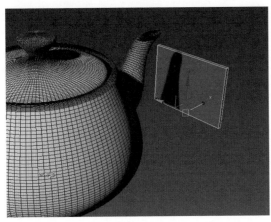

图1-11

Step 06 再次渲染，观察它们之间的影响，如图1-12所示。

图1-12

Step 07 可以看到，通过物体大小的转变，此时，黄色的茶壶受红色墙体的影响非常小，如图1-13所示。只在茶壶的阴影处有微弱的溢色效果，如图1-14所示。

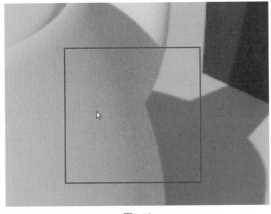

图1-13

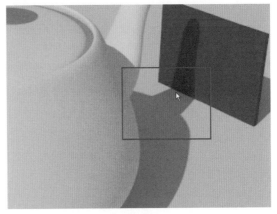

图1-14

Step 08 在茶嘴与茶壶的交界处，也受到红色墙体的溢色影响，如图1-15所示。

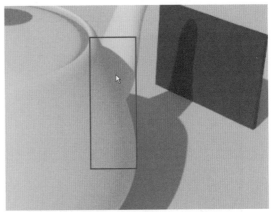

图1-15

在茶壶的壶身并没有受到溢色的影响，这也就验证了前面的观点"溢色是有衰减的，物体越大，影响的范围越大，物体越小，影响的范围越小"。

1.3 环境对材质质感的影响

一个好的光源和一个好的环境，对于材质质感的表现是非常重要的。没有一个好的灯光环境，再好的材质也达不到好的效果。

任何材质在任何场景中的质感体现都是不一样的，所以，在渲染之前，通常会对场景渲染白模，通过白模来观察光影效果，然后通过创造出来的环境，对材质进行调节。这是非常科学的流程，也非常方便快捷，如果先调节材质，再打灯并对VRay参数进行设置，环境会对质感产生影

响，此时就需要再次调节材质，费时费力。

下面举一个简单的例子，继续上节的场景，如图1-16所示。

图1-16

Step 01 先把物体还原为原始大小，如图1-17所示，当前场景中已经有了一盏VRay的阳光。

图1-17

Step 02 从前视图中看，阳光的位置是在左边，大概是在45度角的高度，如图1-18（a）所示。从顶视图中看时是如图1-18（b）所示的方向。

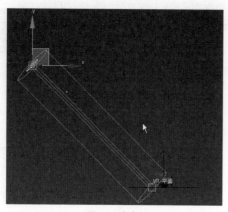
图1-18（a）

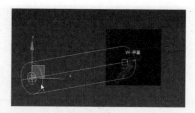
图1-18（b）

Step 03 VRay阳光的参数设置，如图1-19所示。

Step 04 执行菜单［渲染>渲染设置］命令，打开［渲染设置］面板，进行一些简单的设置。开启GI，设置预设值的最小速率为－1、最大速率为－1，如图1-20所示。

图1-19　　　　　　　　图1-20

Step 05 切换到摄影机视图，进行渲染，如图1-21所示。

图1-21

观察效果可以看到，当前场景中，没有曝光和死黑问题，比较接近于真实。这样就完成了基本环境的创建。

下面需要做的是调节物体质感，通过一个小例子进行说明，调节磨砂金属材质。

Step 01 把茶壶调节为一个VRay的材质类型，使用VRay的标准材质类型。［漫反射］默认为灰色，调节［反射］为浅灰色，如图1-22所示。

图1-22

Step 02 设置［反射光泽度］为0.7、［细分］为20。取消勾选［菲涅耳反射］，如图1-23所示。

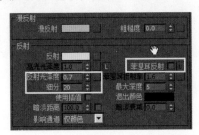

图1-23

Step 03 再次渲染，效果如图1-24所示。

Step 04 观察效果可以看到，在当前场景中，有一个地面，有一个作为环境的红色墙面，那么茶壶所反射到的，就是VRay天光所产生的天空的蓝色，如图1-25所示。

图1-24

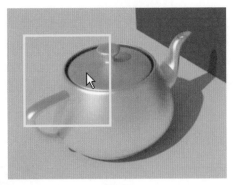

图1-25

Step 05 壶底白色的部分，反射的是地面的白色。壶嘴红色的部分反射的是红色墙面的颜色，如图1-26所示。

图1-26

从当前的效果中可以看到茶壶反射的内容非常少，这是因为场景中的环境物体少，下面，换一种方式进行调节。

Step 06 把红色墙面和地面删掉，只保留茶壶和场景中的VRay的阳光。

Step 07 执行菜单［渲染>环境］命令，打开［环境与效果］面板，在［环境贴图］上单击鼠标右键，选择［清除］选项，将天空清除，如图1-27所示。

Step 08 单击［无］按钮，在弹出的［材质/贴图浏览器］窗口中选择［VRayHDRI］，连接一个［VRayHDRI］贴图，如图1-28所示。

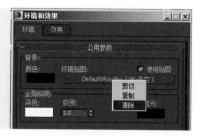

图1-27

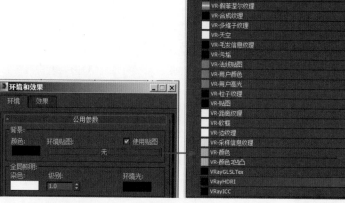

图1-28

Step 09 将HDR贴图拖曳到［材质编辑器］的空白材质球上，复制方式为［实例］，如图1-29所示。

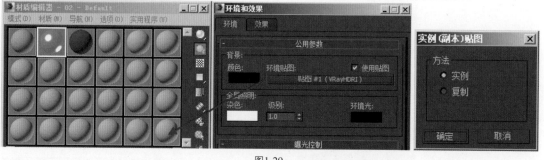

图1-29

众所周知，HDR贴图可以加入一个高动态贴图，环境非常的自然、真实，因为它是用真实照片制作的。

Step 10 单击位图后面的按钮，在随书配套光盘中找到"ml_Probe.hdr"，指定好后，放大材质球观察效果，如图1-30所示。

图1-30

可以看到，这是一个黄昏树林环境的贴图，进行渲染观察效果，发现当前的贴图方向有误，物体的反射效果也不是很好，如图1-31所示。

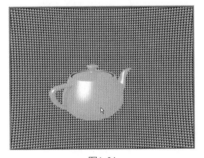

图1-31

Step 12 在［贴图］栏中，设置［贴图类型］为［角度］，如图1-32所示。

图1-32

Step 13 再次渲染，效果如图1-33所示，当前茶壶就反射了HDR贴图的环境效果。

图1-33

所以，物体反射到的内容越多、越丰富，它的质感体现就越好，下面再为茶壶设置一个玻璃材质，观察效果。

Step 14 将［反射］栏中的［反射光泽度］和［细分］还原，如图1-34所示。

图1-34

Step 15 将［漫反射］设置成深绿色，如图1-35所示。

图1-35

Step 16 设置［反射］为浅灰色，使反射不要太大，如图1-36所示。

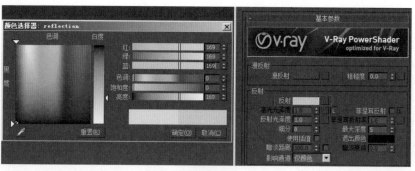

图1-36

Step 17 设置［折射］为黑色，调节出透明效果，如图1-37所示。

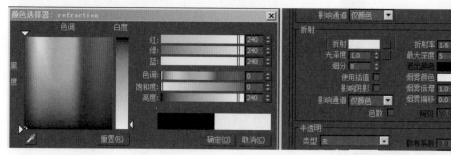

图1-37

Step 18 材质球的效果，如图1-38所示。

Step 19 再次进行渲染，效果如图1-39所示。

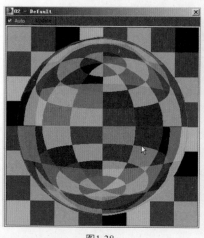

图1-38

图1-39

此时反射到的环境变得非常清晰。

这就说明，环境的丰富对于反射物体的质感影响是非常大的。所以，在家装或是做室外效果图时，周边的环境对物体的反射有至关重要的影响。

第2章

玻璃材质

2.1 平板玻璃材质

平板玻璃一般用于民用建筑、商店、饭店、办公大楼、机场和车站等建筑物的门窗、橱窗及制镜等，效果如图2-1所示。

平板玻璃具有良好的透视和透光性，对太阳中的近红热射线的透过率较高，但对可见光设施包括室内墙顶地面和家具、织物反射产生的远红外长波热射线却会有效阻挡，故可产生明显的"暖房效应"。无色透明平板玻璃对太阳光中紫外线的透光率较低。

图2-1

这种玻璃比较清澈，反射非常干净，其特点是所有玻璃最基本的属性。

Step 01 打开随书配套光盘中的"玻璃材质_start.max"场景文件，如图2-2所示，这里主要讲解平板玻璃材质，其他的物体已经赋予了材质。

图2-2

Step 02 打开［材质编辑器］，选择"平板玻璃"材质球，单击 Standard 按钮，在［材质/贴图浏览器］中选择［V-Ray］栏下的［VRayMtl］材质，将［漫反射］设置为黑色，如图2-3所示。

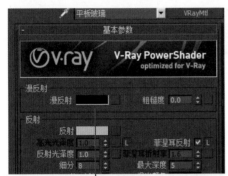

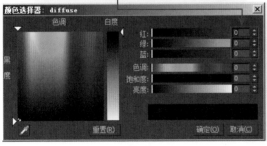

图2-3

对于玻璃来说，通常都会设置［漫反射］为纯黑色，因为纯黑色在反射的物体上，尤其是玻璃物体上，产生的反射效果会非常干净清晰。

Step 03 设置［反射］为80%左右的灰色。VRay材质不是通过数值调节反射的程度，而是通过颜色来控制。颜色条从黑到白，可以记为0%~100%。

本书使用的软件是3ds Max 2014和 VRay3.0，VRay3.0默认勾选［菲涅耳反射］，反射小的话，反射的强度会不够，所以这里要将反射值设置得大些。如

果，不想设置较大的反射值，可以取消勾选［菲涅耳反射］，这样也可以达到很强的反射效果。

因为调节的是一个平板的镜面反射，所以不需要设置［反射光泽度］，其他参数也保持默认状态，如图2-4所示。

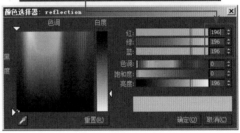

图2-4

Step 04 在VRay渲染器中，［折射］是用来控制透明度的。所以，这里设置折射为白色，100%透明，如图2-5所示。

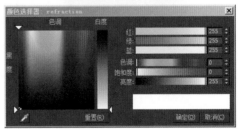

图2-5

Step 05 调节玻璃材质时最关键的一点就是它的厚度，通常在渲染玻璃时，厚度是由［折射］中的［烟雾颜色］来控制的，如图2-6所示。

Step 06 ［烟雾颜色］可以影响整个玻璃的颜色，设置的颜色越深，玻璃的颜色也就越深，如果只希望玻璃有一些颜色，并且不影响整个玻璃的颜色，可以在［烟雾颜色］中稍微设置一点颜色，其他的参数保持默认，如图2-7所示。

Step 07 进行渲染，最终效果如图2-8所示。

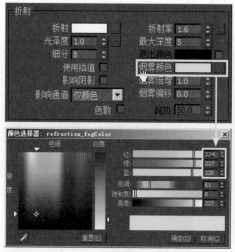

图2-6

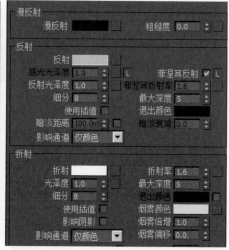

图2-7

图2-8

2.2 磨砂玻璃材质

磨砂玻璃常用于需要隐蔽的浴室、卫生间、办公室的门窗及隔断。

磨砂玻璃，又叫毛玻璃、暗玻璃。是用普通平板玻璃经机械喷砂、手工研磨或氢氟酸溶蚀等方法将表面处理成均匀表面制成。由于其表面粗糙，使光线产生漫反射，且透光而不透视，从而使室内光线柔和而不刺目，效果如图2-9所示。

图2-9

Step 01 打开随书配套光盘中的"磨砂玻璃_start.max"场景文件，场景中有6个球体，中间有一块Box，环境为HDR贴图，如图2-10所示。

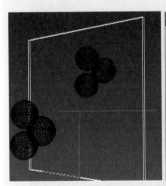

图2-10

Step 02 6个球体分别赋予了黄色、红色、绿色的标准材质，box是磨砂玻璃材质。

磨砂玻璃有两种特性，一个是单面的磨砂效果，一个是双面的磨砂效果。

首先，来调节一下单面磨砂玻璃的效果

Step 03 打开［材质编辑器］，选择"磨砂玻璃"材质球，在［材质/贴图浏览器］中选择［V-Ray］栏下的［VRayMtl］材质，设置［漫反射］为黑色，如图2-11所示。

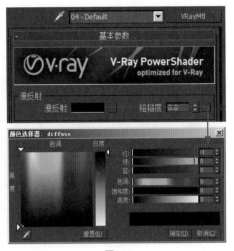

图2-11

Step 04 设置［反射］为白色，勾选［菲涅耳反射］，如图2-12所示。

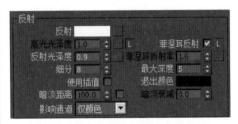

图2-12

Step 05 设置［折射］为白色，100%的透明，并设置［光泽度］为0.9，如图2-13所示。

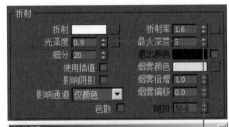

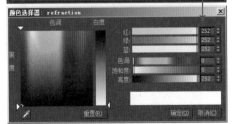

图2-13

Step 06 进行渲染，效果如图2-14所示。

图2-14

可以看到，玻璃后面的球体变模糊了。折射中的［光泽度］越大，它模糊的程度也就越厉害。现在可以明显看到，在玻璃上，有很多颗粒，不想要这种颗粒的话，可以通过折射下的［细分］来控制。

Step 07 将［细分］增加到20，效果如图2-15所示。

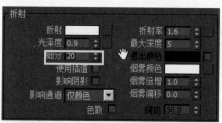

图2-15

得到的颗粒效果比之前的细腻一些，但是还不够细腻，可以继续增大［细分］来解决这个问

题，以上就是单面磨砂玻璃效果，下面设置双面磨砂玻璃效果。

Step 08 双面磨砂，也就是两面都要有模糊反射。正面的模糊反射，是通过反射的效果来得到的。可将［反射光泽度］设置为0.9，渲染效果如图2-16所示。

图2-16

现在的效果非常明显，反射到的物体变得非常模糊，这就是双面磨砂玻璃的调节方式。

2.3 压花玻璃材质

压花玻璃适用于室内间隔、卫生间门窗及需要阻断视线的各种场合，超白压花玻璃也被广泛用于光伏领域。

压花玻璃的理化性能基本与普通透明平板玻璃相同，仅在光学上具有透光不透明的特点，可使光线柔和，并具有隐私的屏护作用和一定的装饰效果。

压花玻璃主要是通过混合材质来实现的，效果如图2-17所示。

图2-17

Step 01 打开随书配套光盘中的"压花玻璃_start.max"场景文件，如图2-18所示。

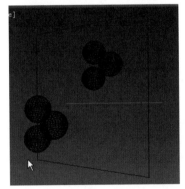

图2-18

Step 02 打开［材质编辑器］，选择"压花玻璃"材质球，在［材质/贴图浏览器］中选择［混合］材质，如图2-19所示。

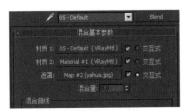

图2-19

Step 03 单击［遮罩］后

的［无］按钮，指定一张随书配套光盘中的"yahua.jpg"贴图，通过一张黑白的贴图，来实现材质1和材质2的变化，黑色为透明，白色为不透明，如图2-20所示。

图2-20

Step 04 返回上一层级，单击［材质1］后的按钮，进入材质1面板，指定一个［VRayMtl］材质，设置［漫反射］为纯白色，如图2-21所示。

图2-21

Step 05 设置［反射］为浅灰色，取消勾选［菲涅耳反射］，如图2-22所示。

图2-22

Step 06 设置［折射］为白色，100%的透明，如图2-23所示。

图2-23

其他的参数保持默认设置，这是第一个材质，返回上一层级，再看第二个材质。

Step 07 单击［材质2］后的按钮，进入材质2面板，指定一个［VRayMtl］材质，设置［漫反射］为纯黑色，如图2-24所示。

图2-24

部分有很多杂点，这就是模糊反射的地方，透过它看到的后面的景象，非常模糊。花纹的部分是一个镜面反射，非常清晰地映射出玻璃前面的3个球体，这就是第一个材质的作用。而第二个材质，就是一个带有模糊反射的效果。

以上就是压花玻璃的材质调节方法。

图2-27

Step 08 设置［反射］为30%的灰色、［反射光泽度］为0.67、反射［细分］为30，细分主要控制模糊反射的地方，取消勾选［菲涅耳反射］，如图2-25所示。

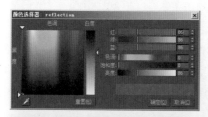

图2-25

Step 09 设置［折射］为白色，100%透明，如图2-26所示。

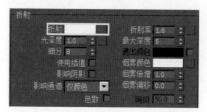

图2-26

Step 10 进行渲染，最终效果如图2-27所示。

通过简单的参数调节，即可得到压花玻璃的效果。在白色磨砂的

2.4 彩色玻璃材质

彩色玻璃广泛用于容器、太阳镜、医药玻璃或工艺美术品等，特别是滤光片和信号灯用玻璃。彩色玻璃窗户的制造工艺在中世纪因哥特式教堂的建造而达到顶峰。彩色玻璃窗户不仅可以让光线射入教堂，而且具有装饰作用。

光线通过它，会在室内呈现出五颜六色的颜色，非常的漂亮，在欧美风格建筑上，多数会采用这种玻璃，效果如图2-28所示。

图2-28

在制作彩色玻璃的时候，一种方案是，使用真实的玻璃物体来制作它的玻璃颜色，另一种方案是，使用贴图，或用特殊的材质来代替。

Step 01 打开"彩色玻璃_start.max"场景文件，在场景中没有特意制作它的模型，只是用一张贴图来代替。场景是一个小空间，由墙体和窗户组成，窗户上贴了一张贴图。

Step 02 在［材质编辑器］中，选择彩色玻璃材质，单击 Standard 按钮，在［材质/贴图浏览器］中选择V-Ray栏中的［VR-灯光材质］。

Step 03 单击［颜色］后的［无］按钮，在［材质/贴图浏览器］中选择［位图］，找到随书配套光盘中的"caise.jpg"贴图，如图2-29所示。

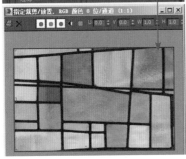

图2-29

彩色玻璃具有反射，同时也具有一定的模糊效果，在调节这样的材质时，可以参考一下磨砂玻璃的调节方法。

［VR-灯光材质］自身可以照亮，所以在场景中没有设置任何灯光，并为其连接一张贴图来模拟彩色玻璃的效果。

Step 04 设置［VR-灯光材质］的［颜色］为8，如图2-30所示。

Step 05 进行渲染，最终效果如图2-31所示。

图2-30

图2-31

2.5 啤酒瓶材质

通常，啤酒瓶的颜色呈褐色或是绿色，采用褐色或是绿色啤酒瓶的主要目的是，一方面使人感受到轻松、和谐的气氛，另一方面这些颜色还能很好地遮蔽光线，减轻光合作用，从而保持啤酒的质量。

通常见到的都是绿色的啤酒瓶，绿色是一种软色调，看起来比较舒服，如图2-32所示。

图2-32

Step 01 打开随书配套光盘中的"啤酒瓶_start"场景文件，这里暂用红酒瓶来调节效果。

Step 02 选择"啤酒瓶"材质球，单击 Standard 按钮，在［材质/贴图浏览器］中选择［VRayMtl］，设置［漫反射］为黑色，如图2-33所示。

图2-33

Step 03 设置一个较低的［反射］，因为取消勾选了［菲涅耳反射］，所以反射度不需要太高，如图2-34所示。

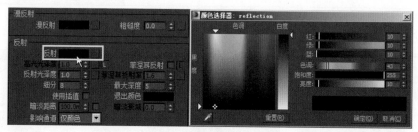

图2-34

Step 04 设置［折射］为浅灰色，如图2-35所示。

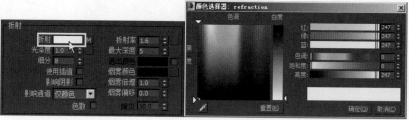

图2-35

Step 05 单击［折射］后的方块按钮，在［材质/贴图浏览器］中选择［衰减］，设置［衰减类型］为［Fresnel］，设置［前：侧］的RGB颜色值分别为（173、173、173）（101、101、101），如图2-36所示。

图2-36

Step 06 返回上一层级，在［折射］栏下设置［烟雾颜色］为深绿色，如图2-37所示。

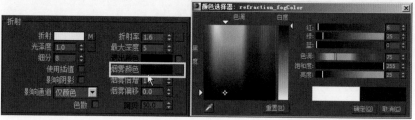

图2-37

Step 07 进行渲染，最终效果如图2-38所示。

图2-38

2.6 玻璃器皿材质

玻璃器皿的品种丰富多彩，造型与装饰也别具变化。其中由料仿玉、翡翠、玛瑙、珊瑚等制成的瓶、碗、鼻烟壶、鸟兽等，颜色逼真，具有独特的风格和韵味，如图2-39所示。

玻璃器皿多用钠钙硅酸盐玻璃做成，是无色透明的器皿，其热膨胀系数低，耐温度急变性强。微晶玻璃具有更好的耐热和耐温度急变性，机械强度大，适合制造炊烧器皿和饭店旅馆中经常洗涤的器皿。

图2-39

Step 01 打开随书配套光盘中的"玻璃器皿_start"场景文件，在场景中有一个双手撑托的模型，这里同样使用了一个HDR贴图作为它的反射环境。

Step 02 打开［材质编辑器］，选择"玻璃器皿"材质球，单击 Standard 按钮，指定一个［VRayMtl］材质，将［漫反射］设置为黑色，如图2-40所示。

图2-40

Step 03 设置［反射］为80%的灰色，如图2-41所示。

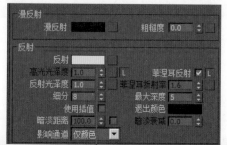

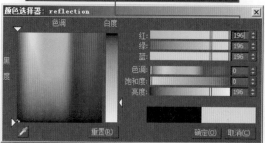

图2-41

Step 04 设置［折射］为白色，并使其100%透明，如图2-42所示。

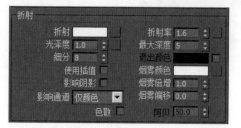

图2-42

Step 05 下面进行渲染，当前效果如图2-43所示。

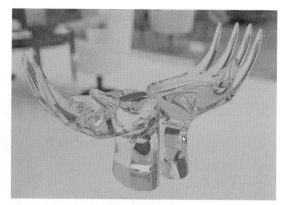

图2-43

Step 06 如果觉得表面反射的影像比较乱的话，可以通过［折射率］来控制它的折射效果，将其设置为1.1，如图2-44所示。

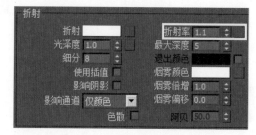

图2-44

Step 07 进行渲染，观察当前效果，如图2-45所示。

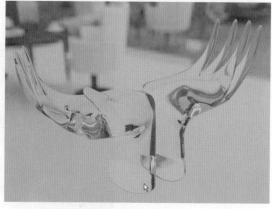

图2-45

在做商业项目时，对于玻璃器皿，使用VRay的材质类型来调节非常简单方便。通过漫反射颜色、反射及折射，来调节质感效果。如果觉得折射过于复杂，影响了形体结构，可以通过折射率来控制其折射效果，以上就是玻璃器皿的调节方法。

2.7 玻璃砖材质

多数情况下，玻璃砖并不作为饰面材料使用，而是作为结构材料，如墙体、屏风、隔断等类似功能使用。

玻璃砖是用透明或颜色玻璃料压制成形的块状或空心盒状，是体形较大的玻璃制品，如图2-46所示。其品种主要有玻璃空心砖和玻璃实心砖等，马赛克不包括在内。

每一块玻璃砖都是部分中空的，能够隔绝外部的热量、火焰和噪声，其保温性和隔声性良好。

图2-46

Step 01 打开随书配套光盘中的"玻璃砖_start.max"场景文件，在场景中有一盏VRay灯光，还有几块玻璃砖模型。玻璃砖模型分为两部分，第一部分是它的实体，第二部分是用来贴图产生效果的一个面，如图2-47所示。

这里将使用两个材质球，来分别调节玻璃砖的实体和面，在场景中还有一个HDR环境反射贴图，如图2-48所示。

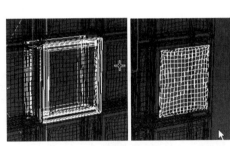

图2-47

图2-48

第一个，是作为玻璃砖本身的一个玻璃材质，如图2-49所示。

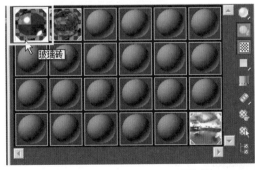

图2-49

第二个，就是它内部的面，可使用一张贴图来进行调节，如图2-50所示。

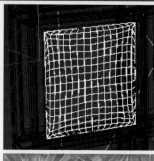

图2-50

Step 02 第一个材质的调节方法是在［材质编辑器］中，选择"玻璃砖"材质球，单击 Standard 按钮，指定一个［VRayMtl］材质，设置［漫反射］为接近黑色的深绿色，如图2-51所示。

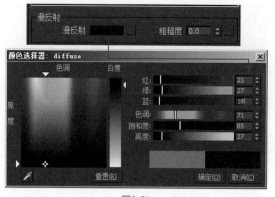

图2-51

Step 03 设置［反射］为20%左右的灰色，因为取消勾选［菲涅耳反射］，所以反射值不用过高，如图2-52所示。

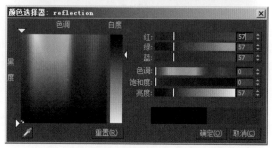

图2-52

对于玻璃砖来说，其本身就是一个镜面的反射，所以不用调节它的［高光光泽度］和［反射光泽度］。

Step 04 设置［折射］为白色，100%的透明，设置［折射率］为1.2，玻璃砖的折射无需太大，因为它自身就有很强的折射，如图2-53所示。

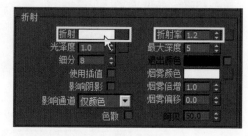

图2-53

玻璃砖本身也不是磨砂的反射，所以它的［光泽度］也不用进行调节。

在真实世界中，透过玻璃砖的景象都是模糊的，这是因为玻璃砖自身有一定的纹理，通过棱镜折射，导致在它后面的物体模糊。

本场景中使用VRay片光，当光透过玻璃砖时，玻璃砖会显得更透彻。

第二个材质（玻璃砖2），跟第一个材质唯一不同的是，漫反射添加了凹凸贴图（玻璃砖.jpg），所以这里不再讲解，最终效果如图2-54所示。

图2-54

2.8 放大镜材质

放大镜是用来观察物体细节的简单目视光学器件，是焦距比眼的明视距离小得多的会聚透镜。物体在人眼视网膜上所成像的大小正比于物对眼所张的角（视角），视角越大，像也越大，越能分辨物体的细节。移近物体可增大视角，但会受到眼睛调焦能力的限制。

放大镜材质是一个凸透镜的原理，其范围内的事物都会被放大，如图2-55所示。制作放大镜的材质主要有两方面，一是材质，二是模型。

图2-55

Step 01 打开随书配套光盘中的"放大镜_start.max"场景文件，在场景中有一个放大镜的模型。放大镜的中间是一个挤压的球体做成的凸透镜的效果，下面做了一个贴了报纸贴图的平面，透过放大镜的文字将会被放大，如图2-56所示。放大镜镜片的侧面，如图2-57所示。

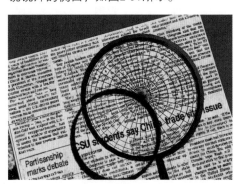

图2-56

图2-57

Step 02 第一个材质是放大镜镜片的材质球，和平板玻璃的调节方法差不多，在［材质编辑器］中，选择"放大镜"材质球，单击 Standard 按钮，指定一个

［VRayMtl］材质，设置［漫反射］颜色为纯黑色，如图2-58所示。

图2-58

Step 03 设置［反射］为30%左右的灰色，取消勾选［菲涅耳反射］，如图2-59所示。

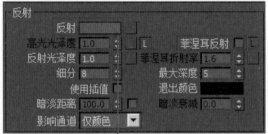

图2-59

Step 04 设置［折射］为白色，100%的透明，［折射率］为100，［最大深度］为1，如图2-60所示。

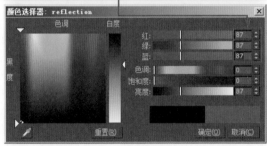

图2-60

Step 05 下面进行渲染，最终效果如图2-61所示。

图2-61

2.9 乳白玻璃材质

乳白玻璃作为包装材料，主要用于食品、油、酒类、饮料、调味品、化妆品，以及液态化工产品等。乳白玻璃具有高度的透明性及抗腐蚀性，与大多数化学品接触都不会发生材料性质的变化。其制造工艺简便，造型自由多变、硬度大、耐热、洁净、易清理，并具有可反复使用等特点，如图2-62所示。

图2-62

Step 01 打开随书配套光盘中的"乳白玻璃材质_start.max"场景文件，在［材质编辑器］中，选择"乳白玻璃瓶"材质球，单击 `Standard` 按钮，指定一个［VRayMtl］材质，设置［漫反射］为纯白色，如图2-63所示。

图2-63

Step 02 设置［反射］为30%左右的灰色，如图2-64所示。

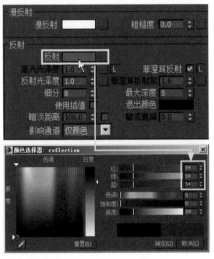

图2-64

Step 03 设置［折射］为白色，如图2-65所示。

图2-65

Step 04 单击［折射］后的方块按钮，指定一张［衰减］贴图，设置［衰减类型］为［Fresnel］，将

［前：侧］颜色调换，如图2-66所示。

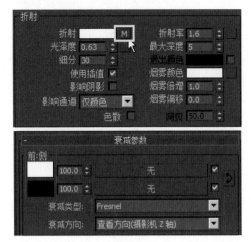

图2-66

Step 05 返回上一层级，设置［光泽度］为0.63（光泽度也可以为0.7或0.8）、［细分］为30，勾选［使用插值］，如图2-67所示。

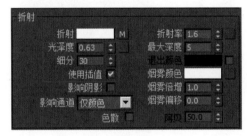

图2-67

Step 06 在［自发光］栏中，设置［自发光］颜色为RGB（45、45、45）的灰色，单击［自发光］后面的方块按钮，指定一张［衰减］贴图，设置［侧］面颜色为RGB（107、107、107）的灰色，如图2-68所示。

图2-68

　　如图2-69所示的材质球，从最外部到内部，有一个渐变的过程，最外面的一圈比较亮，会产生一种不是很透明的变化，越往内部，透明效果越强烈。通过衰减就可以达到这样的效果，在反射中添加衰减，或在透明中添加衰减，其道理都是一样的，以上就是乳白色玻璃的调节方法。

图2-69

　　Step 07 进行渲染，最终效果（雕塑效果和玻璃杯效果，其中雕塑效果可切换至Camera001查看），如图2-70所示。

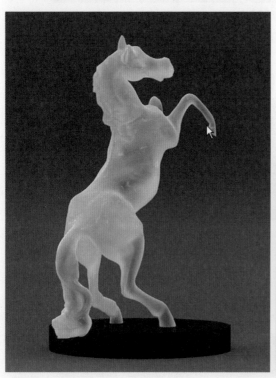

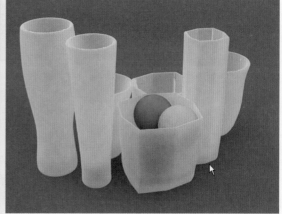

图2-70

2.10 普通镜面玻璃材质

　　普通镜面玻璃通常被用来制作汽车的贴膜玻璃、墨镜、幕墙玻璃和玻璃马赛克等。

　　在普通玻璃上加一层膜、上色，或在热塑成型时加一些金属粉末等，使其既能透过光源的光还能使里面的反射物的反射光出不去。简单说，就是能够透过玻璃的一个面看到对面的景物，但从这块玻璃的另一个面却看不到对面的景物，如图2-71所示。

其实镜子材质调节起来非常简单，只需要给它一点颜色及一点反射就可以了。虽然镜子能够很真实地反映出和原貌基本相同的景物，但是，镜子并不是百分之百的反射，它还是与原景有一点区别的。

图2-71

Step 01 打开随书配套光盘中的"镜子——茶色玻璃_start.max"场景文件，进入Camera002视图，可以看到一个镜子模型，打开材质编辑器，选择"镜子"材质球，单击 Standard 按钮，指定一个［VRayMtl］材质，设置［漫反射］为纯白色，如图2-72所示。

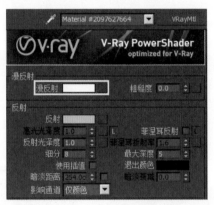

图2-72

Step 02 设置［反射］为80%左右的灰色，也可以设置的更大一些，但是不要设置为100%，这样会失去真实度，取消勾选［菲涅耳反射］，如图2-73所示。

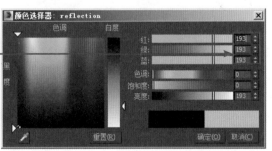

图2-73

Step 03 下面进行渲染，最终效果如图2-74所示。

3ds Max&VRay 室内材质表现白金手册

图2-74

2.11 茶镜材质

茶镜被广泛应用于室内外装修和广告牌等。茶镜也指茶色的烤漆玻璃，其材质非常具有现代感，具有镜子的特征，但不具有透明度只是在颜色上和镜子有一些区别，茶色玻璃其实就是一面茶色的镜子，如图2-75所示。

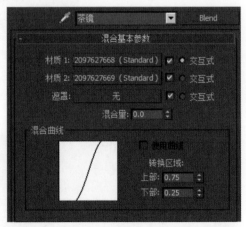

图2-75

Step 01 打开随书配套光盘中的"镜子——

茶色玻璃_start.max"场景文件，可以看到一个落地的镜子模型，打开［材质编辑器］，选择"茶镜"材质球，指定一个［混合］材质，如图2-76所示。

图2-76

Step 02 单击［材质1］后面的按钮，进去［材质1］面板，指定一个［VRayMtl］材质，设置［漫反射］为比较深的茶色，如图2-77所示。

图2-77

Step 03 设置［反射］为比较浅的茶色，取消勾选［菲涅耳反射］，如图2-78所示。

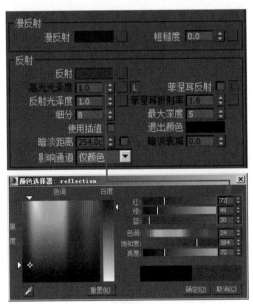

图2-78

这里不要把反射调节为黑白颜色，而是茶色，是因为它反映的是茶色的高光颜色。

Step 04 返回上一层级，单击［材质2］后面的按钮，进去［材质2］面板，指定一个［VRayMtl］材质，设置［漫反射］为白色，设置［反射］为灰色，取消勾选［菲涅耳反射］，如图2-79所示。

图2-79

Step 05 返回上一层级，单击［遮罩］后的按钮，选择［位图］，指定一张随书配套光盘中的"yahua01.jpg"贴图，如图2-80所示。

图2-80

Step 06 下面进行渲染，最终效果如图2-81所示。

图2-81

2.12 水晶材质

水晶属于三方晶系，但很多人误认为水晶是六方晶系，因为水晶常呈六棱柱状，柱体为一头尖或两头尖。一般为无色、灰色、乳白色，含其他矿物元素时呈紫、红、烟、茶色等，如图2-82所示。

图2-82

表现水晶材质和表现平板玻璃的材质几乎没什么区别，下面通过几个参数的调节，来在视觉上达到水晶质感效果的表现。

Step 01 打开随书配套光盘中的"水晶材质_start.max"场景文件，在［材质编辑器］选择"水晶"材质，单击 Standard 按钮，指定一个［VRayMtl］材质，设置［漫反射］为黑色，如图2-83所示。

Step 02 设置［反射］和［折射］均为白色，如图2-84所示。

图2-83

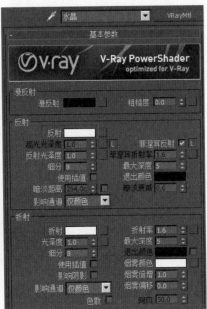

图2-84

Step 03 进行渲染，最终效果如图2-85所示。

图2-85

这种水晶的效果，干净透彻，经常用来制作欧式的吊顶和现代的水晶灯，以上就是水晶材质的调节方法。

第3章

金属材质

3.1 不锈钢材质

不锈钢材质的特性是有非常强烈的反射，如图3-1所示，它的反射就非常强烈，它反射到的部分和白色的部分形成了一个鲜明的对比。反射强烈的金属并不是只有不锈钢，有一种金属材质的反射效果比不锈钢更强，所以，我们在调节不锈钢材质的时候，要着重注意它的反射强度，下面来看一下它的具体参数。

图3-1

Step 01 打开随书配套光盘中的"不锈钢_start.max"场景文件，在场景中有一个水龙头模型。在室内商业图中，有很多部分都会使用到不锈钢材质，如厨房的一些用具、电器等都是使用不锈钢材质制作的。

Step 02 打开［材质编辑器］，选择"不锈钢"材质，单击 Standard 按钮，指定一个［VRayMtl］材质，设置［漫反射]为黑色、[反射]为白色，取消勾选[菲涅耳反射]，其他参数保持默认，如图3-2所示。

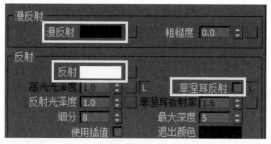

图3-2

Step 03 以上就是关于不锈钢材质的调节方式，进行渲染，最终效果如图3-3所示。

图3-3

任何材质在不同的场景下都会产生不同的质感。本案例中，不锈钢材质的反射为100%的纯白色，但是，在其他场景中这种反射度可能就会过于强烈。所以，在做真正的商业项目时，要根据自身场景来调节反射强度。

3.2 铝合金材质

铝合金材料的应用有以下三个方面：一是作为受力构件；二是作为门、窗、管、盖、壳等材料；三是作为装饰和绝热材料。利用铝合金阳极氧化处理后可以进行着色的特点，制成各种装饰品。铝合金板材、型材表面可以进行防腐、轧花、涂装、印刷等二次加工，制成各种装饰板材、型材，作为装饰材料。

铝合金密度低，但强度比较高，接近或超过优质钢，塑性好，可加工成各种型材，具有优良的导电性、导热性和抗蚀性，工业上广泛使用，使用量仅次于钢。一些铝合金可以采用热处理获得良好的机械性能，物理性能和抗腐蚀性能。2008年北京奥运会火炬"祥云"就是由铝合金制作的。

铝合金效果如图3-4所示。

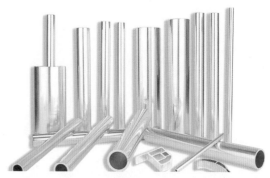

图3-4

铝合金材质的主要特点是反射非常模糊，如图3-5所示的照片，它的反射非常模糊，几乎反射不到环境中的任何景象，且具有一点拉丝的效果。

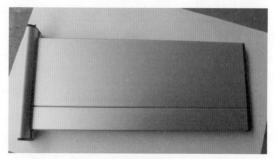

图3-5

多数铝合金的颜色都是灰白色，可以把它理解为磨砂反射的效果，它具有非常浅的拉丝纹理效果。进行室内表现的时候，铝合金材质常被用于窗框的表现上。

Step 01 打开随书配套光盘中的"铝合金_start.max"场景文件，在这个场景中有一个笔架模型，如图3-6所示。

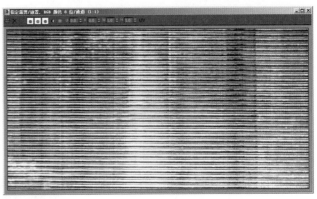

图3-6

图3-7（续）

Step 02 打开［材质编辑器］，选择"铝合金"材质球，单击 Standard 按钮，指定一个［VRayMtl］材质，展开［贴图］栏，单击［凹凸］后的［无］按钮，选择［位图］，指定一张随书配套光盘中的"arch20_metal_bump.jpg"贴图，并设置贴图的［坐标］栏中的［瓷砖UV］为1:4，如图3-7所示。

Step 03 返回上一层级，设置［漫反射］颜色为灰色，如图3-8所示。

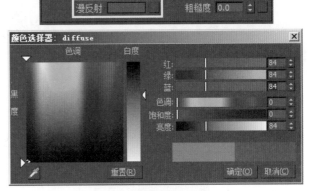

图3-8

Step 04 设置［反射］为浅灰色，如图3-9所示。

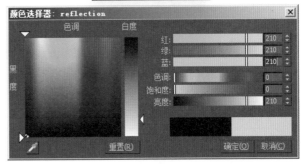

图3-9

图3-7

将［反射］的强度设置得这么大，是因为默认勾选了［菲涅耳反射］，如图3-10所示，勾选［菲涅耳反射］对［反射］强度会有一些影响，在不勾选［菲涅耳反射］

的情况下，目前的反射强度是非常强的，有点类似于不锈钢，但是勾选［菲涅耳反射］，将反射值设置到90%，反射强度反而会减小，这就是勾选［菲涅耳反射］和不勾选［菲涅耳反射］的区别。

Step 05 设置高光光泽度为0.57，使光照的部分不会产生明显的光亮，不会像不锈钢一样产生非常亮的高光区域，如图3-11所示。

Step 06 材质效果，如图3-12所示。

Step 07 设置［反射光泽度］为0.69，用来控制它的磨砂效果，设置［细分］为82，设置较高的细分值可以得到细腻的纹理效果，如图3-13所示。

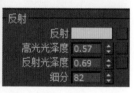

图3-10   图3-11   图3-12   图3-13

进行渲染，最终效果如图3-14所示。

图3-14

3.3 磨砂金属材质

不锈钢器具、不锈钢饰品、不锈钢标牌表面之所以处理成亮光、亚光、磨砂、旋花、拉丝、着色等不同光泽和色调，除了有些实用价值，例如亚光便于识别、不易弄脏、不易划伤、加大摩擦力便于把持外，主要是为了满足人们不同视觉的选择。

磨砂金属，就是不锈钢本色，它的优点是越用越亮，拉丝，实际上就是用砂轮磨出来的，这种表面处理采用的是压纹材料做成，但它的造价比较高，非常耐磨、便于清理。

磨砂金属的特性是模糊。这种模糊的反射让它形成比较特殊的金属质感，常被用在很多电器和家具中，如图3-15所示。

图3-15

Step 01 打开随书配套光盘中的"磨砂金属_start.max"场景文件，在场景中有一个摆台，如图3-16所示，除了表盘之外，其他部分物体将全部赋予磨砂金属材质。

图3-16

Step 02 打开［材质编辑器］，选择"磨砂金属"材质球，单击 Standard 按钮，指定一个［VRayMtl］材质，设置［漫反射］为深灰色，如图3-17所示。

图3-17

Step 03 设置［反射］为30%的灰色，如图3-18所示。和制作铝合金时的原理一样，这里没有勾选［菲涅耳反射］，所以反射度只需设置为30%，它的反射就已经很强了。

图3-18

Step 04 设置［高光光泽度］为0.57，如图3-19所示。

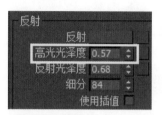

图3-19

Step 05 设置［反射光泽度］为0.68，如图3-20所示，让它产生模糊的效果。磨砂金属的反射模糊程度都是不一样的，有的模糊强烈，类似于铝合金，有的模糊较小。所以，在调节的时候，要根据自己选材的实际情况表现。如果想要一个非常模糊的磨砂反射的效果，可以设置［反射光泽度］为0.68或0.5，如果希望反射稍微清晰一些，可以设置［反射光泽度］为0.78或0.9。总之，越接近1模糊程度就越小。

图3-20

Step 06 设置［细分］为84，如图3-21所示，如果磨砂金属的模糊非常强烈的话，建议调整较大的细分值，因为它表面的颗粒随着［反射光泽度］的降低会越来越多，

小的细分值就会导致颗粒感粗糙、不够细腻。

进行渲染，效果如图3-22所示。

图3-21   图3-22

3.4 拉丝金属材质

近年来，越来越多的产品的金属外壳都使用了金属拉丝工艺，拉丝金属美观、耐磨、抗腐蚀，使产品兼备时尚和科技的元素，这也是该工艺备受欢迎的原因之一。

拉丝金属的特性是，它的表面上有拉丝效果，之前调节的铝合金材质也有拉丝效果。那么铝合金和拉丝金属有什么区别呢？铝合金的反射非常弱，在表面上几乎看不到反射效果，而拉丝金属的反射效果要比铝合金强很多，这就是两者的区别，如图3-23所示。

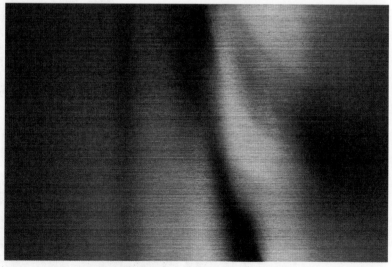

图3-23

Step 01 打开随书配套光盘中的"拉丝金属_start.max"场景文件，在场景中有一个机箱模型，如图3-24所示。

图3-24

Step 02 在［材质编辑器］中，选择"拉丝金属"材质球，指定一个［VRayMtl］材质，设置漫反射为灰色，如图3-25所示。

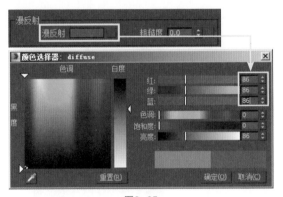

图3-25

Step 03 设置［反射］为深灰色，如图3-26所示。

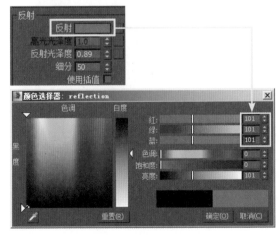

图3-26

Step 04 设置［反射光泽度］为0.89，调节一定的模糊反射效果，并设置［细分］为50，使金属表面的颗粒细腻，取消勾选［菲涅耳反射］，如图3-27所示。

图3-27

Step 05 展开贴图栏，单击［凹凸］后的［无］按钮，选择［噪波］贴图，如图3-28所示。

图3-28

Step 06 在噪波面板中的坐标栏中，Y轴方向控制重复次数，设置为200，X轴和Z轴方向默认为1，如图3-29所示。

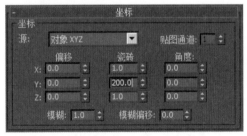

图3-29

Step 07 设置［噪波参数］栏中的凹凸［大小］为2，如图3-30所示。

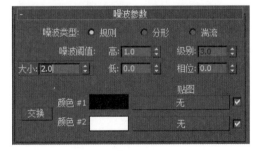

图3-30

Step 08 此时拉丝效果非常细腻，如图3-31所示。

图3-31

3.5 镂空金属材质

镂空材质顾名思义就是在材料上制作出镂空的效果,可以在任何不同材质的表面上,且仅起装饰性作用。

镂空金属的主要特点就是金属的表面有镂空效果,可以制作出的花样很多,如图3-32所示。镂空金属表面的反射和颜色都是不同的,如图3-32所示中左侧的镂空金属,其颜色是深灰色,有一些模糊反射的感觉,对于镂空金属来说,它的表面颜色反射是根据不同的物体、不同的材质来决定的。这类金属主要应用在楼梯间的扶手、隔断和装饰品上。

图3-32

Step 01 打开随书配套光盘中的"镂空金属_start.max"场景文件,在场景中有一个简单的球体,如图3-33所示。

图3-33

Step 02 要制作镂空的效果,可以通过模型来制作,也可以通过贴图来实现,如果不通过贴图来实现,就需要建立一个面数非常少的球体,将其转换成可编辑多边形,然后把其中一个面删除,再添加网格平滑,如图3-34所示。

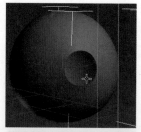

图3-34

Step 03 通过实体模型来实现镂空的效果,有一个优点就是可以在这个命令的基础上增加一个壳材质,使其产生一个厚度,可以通过数值来控制它的厚度,如图3-35所示。

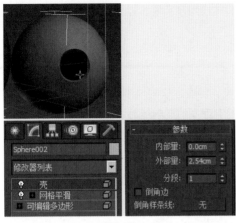

图3-35

以上就是通过实体模型来实现镂空效果的方法，下面使用贴图来实现镂空效果。

Step 01 回到场景中，打开［材质编辑器］，选择"镂空金属"材质球，单击 Standard 按钮，指定一个［VRayMtl］材质，设置［漫反射］的RGB颜色值是（52、52、52），如图3-36所示。

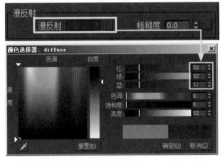

图3-36

Step 02 设置［反射］为70%的灰色，取消勾选［菲涅耳反射］，如图3-37所示。

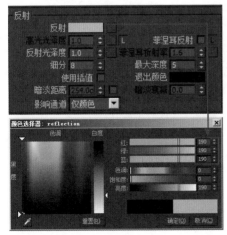

图3-37

Step 03 观察当前的金属效果，发现并没有设置反射光泽度，那么镂空在哪里实现呢？就是在［贴图］展卷栏下，单击［不透明度］后的［无］按钮，选择［位图］，指定一张随书配套光盘中的"未标题-1.jpg"贴图，如图3-38所示。

图3-38

Step 04 黑色代表镂空，白色代表实体，所以通过不透明度和一张贴图来控制就可以达到镂空效果，但是目前通过贴图实现不了金属的厚度，渲染效果如图3-39所示。

图3-39

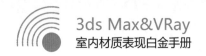

如果想得到一个带有厚度的镂空金属，就需要通过实体模型来实现，以上就是镂空材质的制作。

3.6 镀铬金属材质

镀铬工艺种类众多，广泛用于汽车、自行车、缝纫机、钟表、仪器仪表和日用五金等零部件的防护与装饰，效果如图3-40所示。经过抛光的装饰铬层对光有很高的反射能力，可用作反光镜。

图3-40

铬在很多介质中都很稳定，这是由于铬很容易钝化。从本质上说，铬是一种很活泼的金属，铬的原子结构也有一些与其他金属不同的特点。镀铬的阴极反应比较复杂，它有金属铬的沉积，也有三价铬的生成，但大量的还是氢的析出，并因此而造成阴极电流效率特别低。

镀铬材质比不锈钢的反射更强烈，它的整体效果比不锈钢更干净、更亮。而且它还是一种非常耐腐蚀的材料，所以在很多汽车上，都可以看到前面的进气格栅部分会使用大量的镀铬材质进行装饰。在室内表现中有很多的金属材料也会使用镀铬材质制作，如图3-41所示，为镀铬金属和不锈钢金属的对比效果。

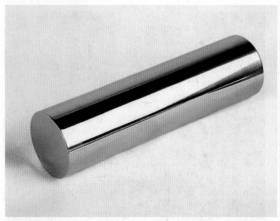

图3-41

不锈钢材质非常光亮，反射对比度也非常强烈；而镀铬材质也是同样的，唯一不同的是在它最亮的部分比不锈钢材质还要亮。

Step 01 打开随书配套光盘中的 "镀铬金属_start.max" 场景文件，在场景中有几个管状模型，打开[材质编辑器]，选择 "镀铬材质" 材质球，单击 Standard 按钮，指定一个[VRayMtl]材质，设置[漫反射]为纯黑色，如图3-42所示。

图3-42

Step 02 设置[反射]为60%的灰色，如图3-43所示。

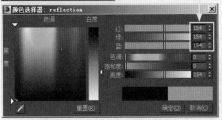

图3-43

Step 03 因为它的[反射]非常强烈，所以没有设置[反射光泽度]，并且不需要让它有模糊反射的效果，如图3-44所示。

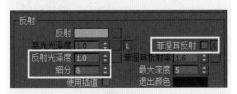

图3-44

进行渲染，效果如图3-45所示，这就是镀铬材质的调节方法。

图3-45

3.7 铁锈金属材质

铁锈金属就是通过长时间的风化失去了它本身的光泽，尤其是工业上的齿轮，它经过长时间的停歇、风化，最后失去表面的光泽从而生锈，如图3-46所示。

图3-46

Step 01 打开随书配套光盘中的 "铁锈材质_start.max" 场景文件，在场景中有一个奖杯，这里希望制作出奖杯局部生锈的效果，如图3-47所示。

图3-47

Step 02 打开［材质编辑器］，选择"铁锈金属"材质球，指定一个［混合］材质，使用混合贴图来制作生锈的部分，如图3-48所示。

图3-48

Step 03 单击［材质1］后面的按钮，进入［材质1］面板，指定一个［VRayMtl］材质，设置［漫反射］为深灰色，如图3-49所示。

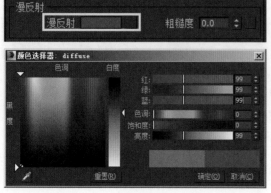

图3-49

Step 04 设置［反射］为60%的灰色，设置

［反射光泽度］为0.97，如图3-50所示。

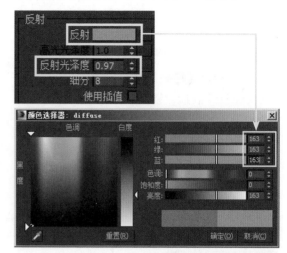

图3-50

Step 05 返回上一层级，单击［材质2］后面的按钮，进入［材质2］面板，指定一个［VRayMtl］材质，单击［漫反射］后面的方块按钮，选择［位图］，指定一张随书配套光盘中的"生锈01.jpg"贴图，如图3-51所示。

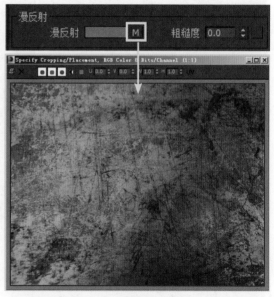

图3-51

Step 06 这是一张带有刮痕，并且有很多腐蚀效果的贴图，没有设置反射，因为被腐蚀的部分不需要进行反射，如图3-52所示。

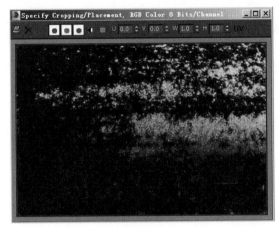

图3-52

Step 07 返回到上一层级，单击［遮罩］后的［无］按钮，选择［位图］，指定一张随书配套光盘中的"生锈_黑白.jpg"贴图，如图3-53所示。

图3-53

白色的部分是不透明的，会体现出第二个材质生锈的部分，黑色的部分是透明的，会露出第一个材质带有反射的部分。

Step 08 通过这个混合贴图，就得到了目前的渲染效果，放大一下，效果如图3-54所示。

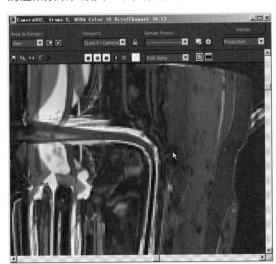

图3-54

Step 09 观察底座部分，可以看到每一个面上呈现出来的纹理和贴图都是一样的，且生锈的部分都没有反射，如图3-55所示。

图3-55

以上就是生锈材质的材质调节方法，最终效果如图3-56所示。

图3-56

3.8 黄金金属材质

黄金材质常见的有金条、金块、金锭和各种不同的饰品、器皿、金币，以及工业用的金丝、金片和金板等，如图3-57所示。

图3-57

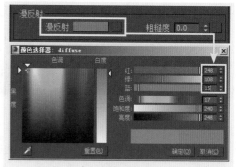

图3-59

黄金材质的特点就是它的金色是任何颜色都无法代替和模拟的，这是它特有的一种颜色，所以对于黄金材质最重要的就是颜色的控制，除了颜色外还有它的反射。图3-57所示中的金砖侧面是模糊反射，这种效果该怎样制作呢？下面进行讲解。

Step 03 设置［反射］的RGB值颜色为（252、166、53），如图3-60所示。

Step 01 打开随书配套光盘中的"黄金材质_start.max"场景文件，在场景中有一个人物肖像，如图3-58所示。

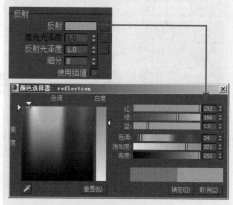

图3-60

Step 04 设置［高光光泽度］为0.73，使其不要产生过高的高光，设置［反射光泽度］为0.87，使其产生一些磨砂反射的效果，设置［细分］为30，如图3-61所示。

图3-58

Step 02 打开［材质编辑器］，选择"黄金"材质球，单击 Standard 按钮，指定一个［VRayMtl］材质，设置［漫反射］为橘红色，如图3-59所示。

图3-61

Step 05 在［双向反射分布函数栏］中，设置［各向异性］为0.6，如图3-62所示，让它的高光产生一些变化。

［各向异性］值在0.9之内，高光效果就会越尖锐，呈长条状，类似于拉丝的高光效果。

Step 06 双击材质球将其放大，效果如图3-63所示。

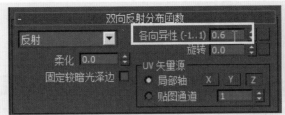

图3-62

图3-63

进行渲染，黄金材质效果如图3-64所示。

图3-64

3.9 白银材质

电子电器是用银量最大的行业，其使用分为电接触材料、复合材料和焊接材料。目前生产和销售量最大的几种感光材料是摄影胶卷、相纸、X-光胶片、荧光信息记录片、电子显微镜照相软片和印刷胶片等。广泛用作首饰、装饰品、银器、餐具、敬贺礼品、奖章和纪念币。

白银，即银，因其色白，故称白银，与黄金相对。多用其作为货币及装饰品。古代做通货时称白银。纯白银颜色白，未掺杂质金属光泽，质软，掺有杂质后变硬，颜色呈灰、红色。

如图3-65所示的白银器皿就反映了白银的光泽度，其实白银要比这个要更亮一些，因为底色是黑色，所以它显得有一些灰。它的反射及光泽度和黄金差不多，这些都是通过加工抛光而成的，所以说会呈现出非常光泽的效果。在表现白银的时候也要从光泽度方面进行着重表现。

图3-65

Step 01 打开随书配套光盘中的"黄金材质_start.max"场景文件，继续使用上一节的场景文件。

Step 02 打开[材质编辑器]，选择"黄金"材质球，单击 Standard 按钮，指定一个[VRayMtl]材质，设置[漫反射]为灰色，如图3-66所示。

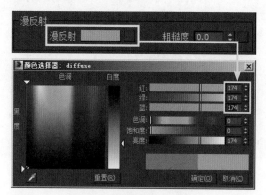

图3-66

Step 03 设置[反射]为80%的灰色，如图3-67所示。

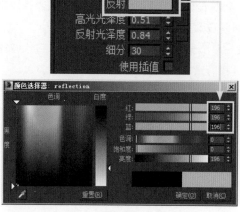

图3-67

Step 04 设置[高光光泽度]为0.51、[反射光泽度]为0.84、[细分]为30，如图3-68所示。

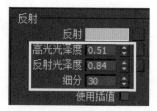

图3-68

在上一节制作的黄金材质中，它的高光是横向的月牙形，而这里希望白银材质是竖向的月牙形，如图3-69所示。

图3-69

Step 05 这个值是通过[各向异性]来控制的，设置[各向异性]为-0.7，这样就能形成竖向的高光，如图3-70所示。

图3-70

Step 06 负值是在Y轴方向上进行变化，而正值是横向的变化，将 [各向异性] 设置为0.7，就会变成横向的高光，如图3-71所示。

这就是 [各向异性] 正值与负值的区别，这里设置为负值，材质球效果如图3-72所示。

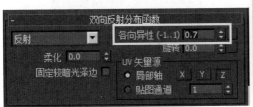

图3-71

图3-72

进行渲染，就得到了白银材质的效果，如图3-73所示。

图3-73

3.10 古铜材质

古铜指古代铜铸器皿，现今众多金属物件采用这种风格仿造出古铜物件，体现复古的感觉。

古铜材质带有模糊反射，而且模糊反射非常强烈，几乎看不到它反射的景物，高光也不是很亮，整体的古铜色非常复古，所以它被常用在古钱币、古代的装饰物、饰品和头饰等物品上。所以在室内表现中，这种古铜色的材质多数会在中式风格的设计上，如图3-74所示。

图3-74

Step 01 打开随书配套光盘中的"古铜材质
_start.max"场景文件，在场景中有一个人像饰
品，如图3-75所示。

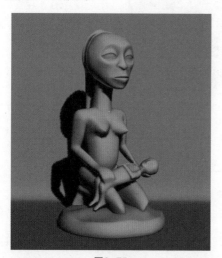

图3-75

Step 02 打开［材质编辑器］，选择"古
铜"材质球，单击 Standard 按钮，指定一个
［VRayMtl］材质，展开［贴图］栏，单击［漫
反射］后的［无］按钮，选择［位图］，指定
一张随书配套光盘中的"Arch32_003_diffuse.
jpg"贴图，如图3-76所示。

图3-76

观察这张贴图，发现它上面有一些纹理，产
生很多锈迹斑斑的效果，这些纹理是通过展UV
来编辑的。

因为古铜材质是仿古的效果，所以对于非常
陈旧的器件，应有很多凹凸和破损的效果，可以
为其加入一张凹凸贴图。

Step 03 单击［凹凸］后的［无］按钮，指
定一张随书配套光盘中的"Arch32_003_bump.
jpg"贴图，如图3-77所示。

图3-77

Step 04 单击［反射］栏中［反射］
后的方块按钮，指定一张随书配套光盘中的
"Arch32_003_reflect.jpg"贴图，并设置［反
射光泽度］为0.66、［细分］为23，取消勾选
［菲涅耳反射］，如图3-78所示。

图3-78

反射贴图是深灰色，通过这种深灰色的贴图来控制高光的部分，如图3-79所示。

图3-79

而在很多凹陷下去的部分，比如不会经常被人触碰到的部分，颜色基本上是比较深的，不会生锈，如图3-80所示。

Step 05 这就是古铜材质的特点，设置［双向反射分布函数］栏中的类型为［多面］，设置［各向异性］为0.8，使其高光有一点变化，不会太集中，如图3-81所示。

图3-80

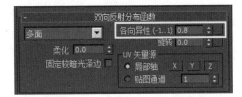

图3-81

Step 06 进行渲染，得到如图3-82所示的效果，可以看到通过贴图得到了很多细节。最后通过［反射光泽度］得到模糊反射效果。

图3-82

3ds Max&VRay 室内材质表现白金手册

第4章

石材材质

4.1 大理石材质

    大理石原指产于云南省大理的白色带有黑色花纹的石灰岩，其剖面可以形成一幅天然的水墨山水画。古代常选取具有成形花纹的大理石制作画屏或镶嵌画，后来大理石这个名称逐渐发展成称呼一切有各种颜色花纹的，用来做建筑装饰材料的石灰岩。白色大理石一般被称为汉白玉，但西方制作雕像使用的白色大理石也被称为大理石，如图4-1所示。

图4-1

    本节将讲解大理石铺地材质的制作，主要包括两种大理石铺地材质，一种是颗粒状的极具代表性的大理石材质，另一种是像云石一样的大理石材质，案例最终效果如图4-2所示。

图4-2

可以看到其反射不是很强烈，而在真实世界中大理石也没有强烈的反射。所以在制作效果图的时候不用把它做得像镜面一样的反射。

Step 01 打开随书配套光盘中的"大理石铺地材质_start.max"场景文件，在场景中有一个室内场景，如图4-3所示。

图4-3

Step 02 打开［材质编辑器］，首先制作颗粒状的大理石材质，选择"大理石（颗粒）"材质球，单击 Standard 按钮，指定一个［VRayMtl］材质，单击［漫反射］后的方块按钮，指定一张随书配套光盘中的"C-DOT.JPG"贴图，如图4-4所示。

图4-4

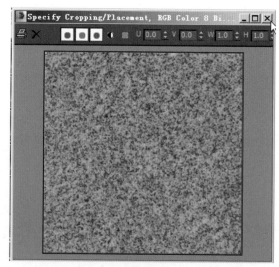

图4-4（续）

Step 03 设置［反射］为接近白色的颜色，RGB颜色值为（243、243、243），如图4-5所示。

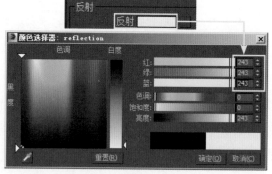

图4-5

Step 04 勾选［菲涅耳反射］，使其表面产生釉面的效果，如图4-6所示。

图4-6

Step 05 设置［高光光泽度］为0.72，使高光不过于锐利，如图4-7所示。

图4-7

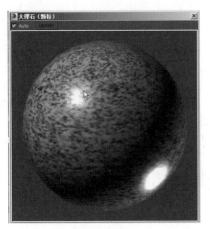

图4-7（续）

Step 06 下面制作云石材质，在［材质编辑器］，选择"大理石（云）"材质球，单击 Standard 按钮，指定一个［VRayMtl］材质，单击［漫反射］后的方块按钮，指定一张随书配套光盘中的"BWG##.JPG"贴图，如图4-8所示。

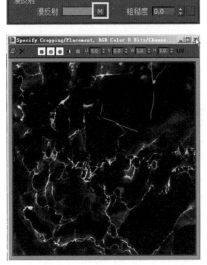

图4-8

Step 07 设置［反射］颜色为白色，RGB颜色值为（255、255、255）。

Step 08 设置［高光光泽度］为0.82，如图4-9所示，这个光泽度要比颗粒大理石材质的高一些，目的是要让它形成非常光亮的效果。

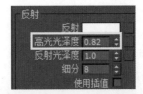

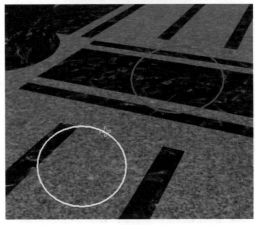

图4-9

进行渲染，观察最终效果，这样就制作出了大理石的材质效果。

4.2 瓷砖材质

瓷砖，是将耐火的金属氧化物及半金属氧化物，经过研磨、混合、压制、施釉、烧结，而形成的一种耐酸碱的瓷质或石质等用来建筑或装饰的材料，总称之为瓷砖。其原材料多由黏土、石英砂等混合而成，如图4-10所示。

图4-10

瓷砖材质主要分为3种，一种是反射比较强的，一种是带有花纹的，还有一种是模糊反射的，如图4-11所示。

图4-11

Step 01 打开随书配套光盘中的"瓷砖材质
_start.max"场景文件，在场景中有一个厨房室内
场景，如图4-12所示。

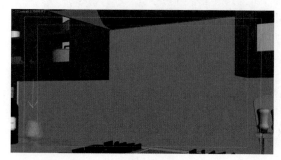

图4-12

Step 02 打开［材质编辑器］，选择
"瓷砖"材质球，单击 Standard 按钮，指定
一个［VRayMtl］材质，单击［漫反射］后
的方块按钮，指定一张随书配套光盘中的
"ArchInteriors_12_04_mosaic.jpg"贴图，如图
4-13所示。

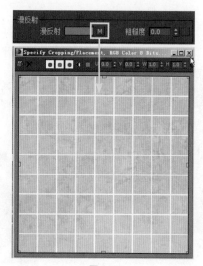

图4-13

Step 03 单击［反射］后的方块按钮，指
定一张随书配套光盘中的"ArchInteriors_12_04_
mosaic_reflect.jpg"贴图，如图4-14所示，其中
黑色代表不反射，灰色代表有一定的反射程度。

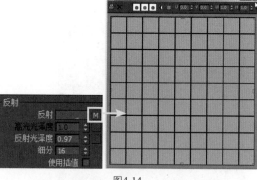

图4-14

Step 04 调整［反射］中的［反射光泽
度］为0.97，［细分］为16，并勾选［菲涅耳反
射］，如图4-15所示。

图4-15

Step 05 在［贴图］栏中单击［凹凸］
后的［无］按钮，指定一个［法线凹凸］材
质，在［凹凸贴图］面板中，单击［法线］
后的［无］按钮，找到随书配套光盘中的
"ArchInteriors_12_04_mosaic_reflect.jpg"贴
图，并设置其参数，如图4-16所示。

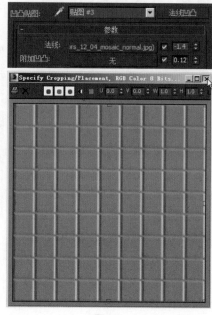

图4-16

进行渲染，观察最终效果，如图4-17所示。以上就是瓷砖材质的制作方法。

图4-17

4.3 仿古砖材质

仿古砖是上釉的瓷质砖。与普通的釉面砖相比，其差别主要表现在釉料的色彩上面。仿古砖材质的主要效果是通过贴图来实现的，常用于西班牙式风格的建筑，这种砖并不是非常旧没有光泽，而是，它的纹理有一种仿旧的效果，如图4-18所示。

图4-18

Step 01 打开随书配套光盘中的"仿古砖_start.max"场景文件，在场景中有一个室内场景，如图4-19所示。

图4-19

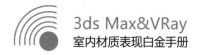
打开［修改面板］可以看到，已经为场景中的地面添加了一个VRay的置换，使其可以得到一个真正的凹凸效果，如图4-20所示。

图4-20

Step 02 打开［材质编辑器］，选择"仿古砖"材质球，指定一个［VRayMtl］材质，单击［漫反射］后的方块按钮，指定一张随书配套光盘中的"仿古砖03-室内人-www-snren-com.jpg"贴图，如图4-21所示。

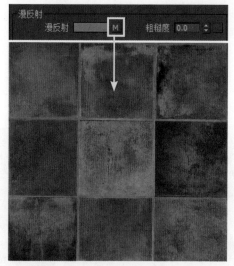

图4-21

Step 03 设置［反射］的RGB颜色值为（94、94、94），如图4-22所示。

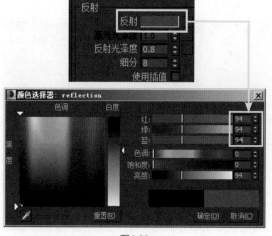

图4-22

Step 04 设置［反射光泽度］为0.8，使其

产生模糊反射，如图4-23所示。

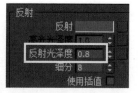

图4-23

Step 05 展开［贴图］栏，单击［凹凸］后的［无］按钮，指定一张随书配套光盘中的"仿古砖04-室内人-www-snren-com.jpg"贴图，如图4-24所示。

图4-24

Step 06 在［修改面板］中，选择［VR-置换模式］，将［材质编辑器］中的［凹凸贴图］拖曳到［纹理贴图］中，并设置［类型］为［2D贴图（景观）］，设置［数量］为12.3mm，如图4-25所示。

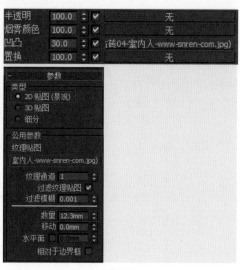

图4-25

以上就是仿古砖贴图的制作方法，进行渲染，观察最终效果，如图4-26所示。

图4-26

4.4 马赛克材质

马赛克是最古老的装饰艺术之一，是使用小瓷砖或小陶片创造出的图案。在现代，马赛克更多是属于瓷砖的一种，是一种特殊存在方式的砖，一般由数十块小块的砖组成一个大砖。它以小巧玲珑、色彩斑斓的特点被广泛使用于室内小面积地面、墙面和室外大小幅的墙面和地面。由于马赛克体积较小，可以作一些拼图，产生渐变效果，如图4-27所示。

图4-27

马赛克材质有很多种，有玻璃的、金属的、木制的和陶瓷的等，如图4-28所示。

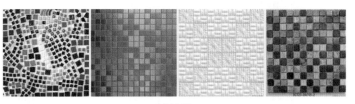

图4-28

那么到底什么叫马赛克呢？其实马赛克就是通过各种不同的形状，包括圆形、方形和长方形的相同的形状排列到一起形成的，如图4-29所示。

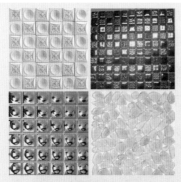

图4-29

在厨房或是背景的墙面等地方，会常用到马赛克的造型来装饰墙面，如图4-30所示。

图4-30

Step 01 打开随书配套光盘中的"马赛克_start.max"场景文件，在场景中有一面由若干小格子组成的墙体，如图4-31所示。

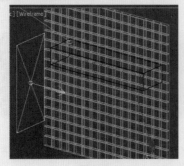

图4-31

对于当前场景来说，要讲解的并不是马赛克材质的调节方法，因为在前面章节中讲解玻璃和金属材质时已经有所讲解，所以这里重点讲解马赛克的反射效果和排列方式。

Step 02 打开[材质编辑器]，选择"马赛克1"材质球，单击 Standard 按钮，指定一个[VRayMtl]材质，设置[漫反射]的RGB颜色值为（36、0、0），如图4-32所示。

图4-32

Step 03 分别将"马赛克2~5"材质球指定为[VRayMtl]材质，并分别设置[漫反射]的RGB颜色值为（2、5、49）、（3、9、5）、（25、17、1）和（24、2、25），这样，就可以得到随机的不同颜色排列，如图4-33所示。

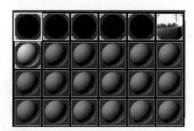

图4-33

很多人在进行马赛克材质表现的时候经常会用一张贴图来制作，这种方法也是可以的，但是使用这种方法往往会忽略到两个问题，一是马赛克之间接缝处的凸起效果，如图4-34所示，使用贴图制作往往会忽略掉这种效果，制作出来的马赛克材质效果会很平。

图4-34

Step 04 另一个就是关于马赛克材质反射程度问题，有时设置的反射过强，有时设置的较弱。这里，设置［反射］为纯白色，如图4-35所示。

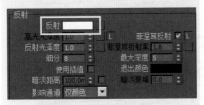

图4-35

Step 05 勾选［菲涅耳反射］，使其表面产生釉面的效果，如图4-36所示。

图4-36

Step 06 对于［反射光泽度］，这里没有调节，如图4-37所示。［反射光泽度］可以根据自身场景进行调节，因为不同材质的马赛克的调节方式也是不同的。如果是玻璃马赛克材质，就可以将［反射光泽度］保持默认，使反射的效果清晰一些。

图4-37

如果是陶瓷或磨砂金属类型，可以按照金属的调节方式调节［反射光泽度］。根据反射强度和模糊程度，通过［反射光泽度］进行调节。

Step 07 将"马赛克1~5"材质球的［烟雾颜色］分别设置为与

［漫反射］相同的颜色。

进行渲染，就得到了马赛克材质效果，如图4-38所示。

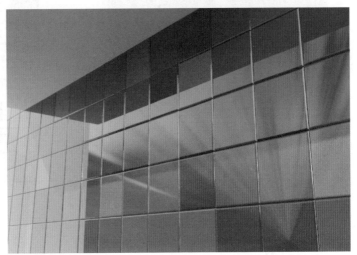

图4-38

4.5 文化石材质

"文化石"是统称，可分为天然文化石（福美来文化石）和人造文化石两大类。天然文化石从材质上可分为沉积砂岩和硬质板岩。人造文化石是由浮石、陶粒等无机材料经过专业加工制作而成，它具有环保节能、质地轻、强度高、抗融冻性好等优势。文化石材质在室内或室外经常被用到，主要起装饰性作用，效果如图4-39所示。

图4-39

Step 01 打开随书配套光盘中的"文化石_start.max"场景文件，在场景中有一面墙体，通过这个墙体来模拟室内文化石的效果，在墙体的顶部打了一盏聚光灯来照射文化石墙面，如图4-40所示。

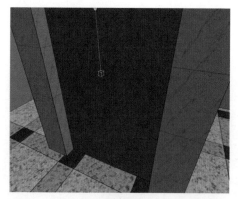

图4-40

Step 02 打开［材质编辑器］，选择"文化石"材质球，单击 Standard 按钮，指定一个［VRayMtl］材质，单击［漫反射］后的方块按钮，指定一张随书配套光盘中的"毛石_外墙2.jpg"贴图，如图4-41所示。

图4-41

Step 03 关于［反射］和［反射光泽度］都没有设置，因为文化石不具有反射性，在其表面是看不到反射效果的，如图4-42所示。

图4-42

Step 04 展开［贴图］栏，单击［凹凸］后的［无］按钮，指定一张随书配套光盘中的"毛石_外墙2黑白.jpg"贴图，这种黑白贴图对于制作凹凸效果比较明显，如图4-43所示。

图4-43

Step 05 要想得到真实的凹凸效果，还需要添加VRay置换，通过置换来得到真实的凹凸效果。选择墙体，在［修改］面板的下拉列表中选择［VR-置换模式］，为其添加置换，如图4-44所示。

图4-44

Step 06 这种置换效果比材质中的 凹凸效果好得多，设置数量为1.5，将凹凸贴图拖曳到纹理贴图中，如图4-45所示。

图4-45

以上就是文化石材质的调节方法，进行渲染，最终效果如图4-46所示。

图4-46

4.6 微晶石材质

微晶石在行内被称为微晶玻璃复合板材，是将一层3~5mm的微晶玻璃复合在陶瓷玻化石的表面，经二次烧结后完全融为一体的高科技产品，如图4-47所示。

微晶石材质，在室内表现中常被用在地面铺装，其特点是反射度非常高，类似镜子。如图4-48所示，其反射比较清晰，这就是微晶石的特点。

图4-47

图4-48

Step 01 打开随书配套光盘中的"微晶石_start.max"场景文件，这是一个室内场景，这里将地面制作成微晶石材质，如图4-49所示。

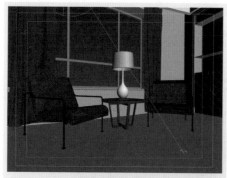

图4-49

Step 02 打开［材质编辑器］，选择"微晶石"材质球，单击 Standard 按钮，指定一个［VRayMtl］材质，单击漫反射后的方块按钮，指定一张随书配套光盘中的"1128618955.jpg"贴图，如图4-50所示。

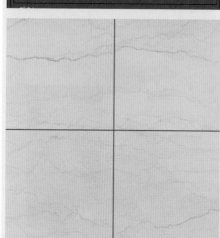

图4-50

Step 03 设置［反射］为灰色，如图4-51所示。

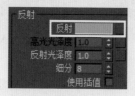

图4-51

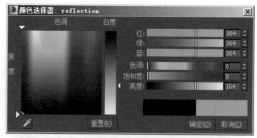

图4-51（续）

这里不勾选［菲涅耳反射］和设置［反射光泽度］，就是让它得到一个高强度的反射效果，这一点和镜子非常像。

通过简单的参数调节，就可以得到一个微晶石的材质效果，如图4-52所示。

图4-52

4.7 玉石材质

玉有软、硬两种，平常说的玉多指软玉，硬玉有另一个流行的名字——翡翠，效果如图4-53所示。

图4-53

玉石有很多种材质，包括不透明的、半透明的和全透的，类似于玻璃，种类繁多，如图4-54所示。

图4-54

本案例中将讲解一个半透明的玉石材质的制作方法。

Step 01 打开随书配套光盘中的"玉石材质_start.max"场景文件，在场景中有一个佛像，如图4-55所示。

图4-55

Step 02 打开［材质编辑器］，选择"玉石"材质球，单击 Standard 按钮，指定一个［VRayMtl］材质，设置［漫反射］颜色为墨绿色，如图4-56所示。

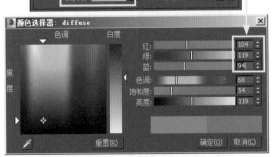

图4-56

Step 03 将［反射］也设置为同样的颜色，对于它的反射并不像玻璃反射的那么清楚，所以还需要设置［反射光泽度］为0.9、［细分］为15，如图4-57所示。

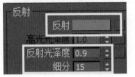

图4-57

Step 04 单击［折射］后的方块按钮，指定一个衰减贴图，如图4-58所示。

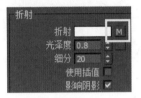

图4-58

Step 05 设置［衰减］的［前：侧］颜色分别为白色和墨绿色，［衰减类型］为［Fresnel］，如图4-59所示。

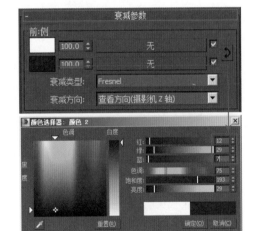

图4-59

Step 06 返回到上一层级，设置［光泽度］为0.8、［细分］为20，如图4-60所示。

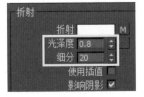

图4-60

Step 07 设置［烟雾颜色］为淡绿色，勾选
［影响阴影］，如图4-61所示。

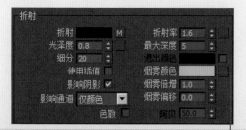

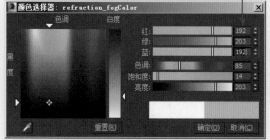

图4-61

Step 08 进行渲染，通过在折射中加入的
衰减，可以看到佛像身体下边的部分是呈半透状
的，如图4-62所示。

图4-62

只通过材质并不能完全达到这种效果，还需
要调节灯光，通过灯光可以折射出佛像身上的绿
色部分，如图4-63所示。

图4-63

回到场景中，可以看到在佛身的底部中心位
置有一个灯光，如图4-64所示。

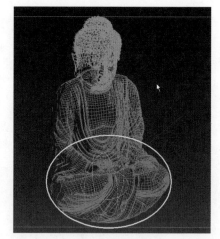

图4-64

通过灯光对佛像的照射得到当前的渲染效
果。选择灯光，在其［修改］面板中，设置倍增
值为5、颜色为绿色，并设置其为［不可见］，
如图4-65所示。

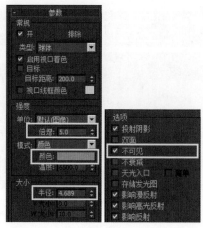

图4-65

以上就是玉石材质的制作方法，进行渲染观察最终效果。

4.8 红宝石材质

红宝石的英文名为Ruby，在圣经中红宝石是所有宝石中最珍贵的。红宝石炙热的红色使人们总把它和热情、爱情联系在一起，被誉为"爱情之石"，象征着热情似火，爱情的美好、永恒与坚贞，如图4-66所示。

图4-66

红宝石材质的主要特点是外部有反射，内部有非常强的折射效果，可以通过图4-67的渲染图片看到，其表面有白色的高光，里面有非常强的折射效果。

图4-67

Step 01 打开随书配套光盘中的"红宝石_start.max"场景文件，在场景中有几颗红宝石模型，如图4-68所示。

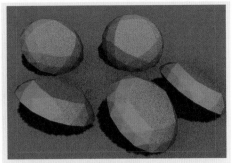

图4-68

Step 02 打开 [材质编辑器]，选择"红宝石"材质球，指定一个 [VRayMtl] 材质，设置 [漫反射] 颜色为纯黑色、[反射] 为白色、[细分] 为15，勾选 [菲涅耳反射]，如图4-69所示。

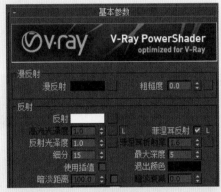

图4-69

Step 03 单击 [折射] 后的方块按钮，指定一个 [衰减] 贴图，设置 [细分] 为20，勾选 [影响阴影]，如图4-70所示。

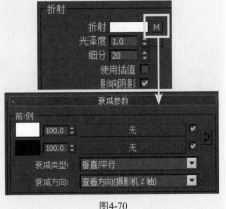

图4-70

Step 04 烟雾颜色是红宝石材质最重要的一点，这里将其设置为浅红色，如图4-71所示。

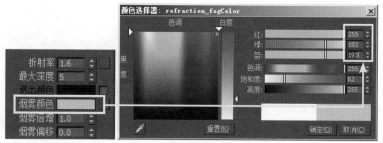

图4-71

以上就是红宝石材质的调节方法，进行渲染，观察最终效果。

4.9 绿松石材质

绿松石的工艺名称为"松石"，因其形似松球且色近松绿而得名。绿松石制品颜色美丽，深受古今中外特别是穆斯林和美国西部人民喜爱。中国内地的绿松石加工后的首饰和工艺品，畅销世界各国，所有原料都是中国自产，如图4-72所示。

绿松石材质的颜色并不是绿色，这种石头多数会在银饰品上作为装饰使用，其材质表面非常光亮，在图4-72中可以看到其表面有很亮的高光显示，同时具有自身的纹理。

图4-72

Step 01 打开随书配套光盘中的"绿松石_start.max"场景 文件，在场景中有几颗绿松石模型，如图4-73所示。

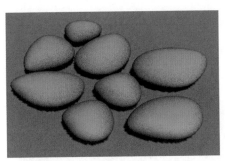

图4-73

Step 02 打开［材质编辑器］，选择"绿松石"材质球，单击 Standard 按钮，指定一个［VRayMtl］材质，单击［漫反射］后的方块按钮，为其指定一张随书配套光盘中的"78127159.jpg"贴图，如图4-74所示。

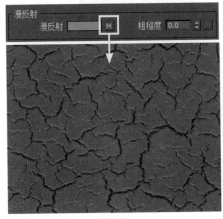

图4-74

Step 03 返回到上一层级，设置［反射］为白色，勾选［菲涅耳反射］，设置［反射光泽度］为0.95、［细分］为15，让它有一点模糊的反射效果，如图4-75所示。

图4-75

Step 04 绿松石没有透明，所以没有折射效果。展开贴图栏，单击凹凸后的无按钮，指定一张随书配套光盘中的"78127159.jpg"贴图，使其有一些凹

凸效果，呈现出天然石材的自然纹理，如图4-76所示。

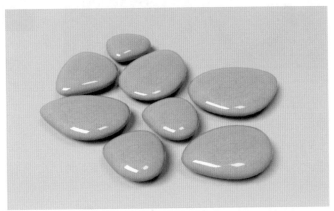

图4-76

以上就是绿松石材质的调节方法，进行渲染，最终效果如图4-77所示。

图4-77

4.10 猫眼石材质

猫眼石又称东方猫眼，是珠宝中稀有而名贵的品种。因猫眼石表现出的光现象与猫的眼睛一样灵活明亮，能够随着光线的强弱而变化得名。这种光学效应，被称为"猫眼效应"。

猫眼石材质最大的特点就是，在它中间有一条非常亮的高光，这和其他石材有非常大的区别，所以把它称为猫眼材质，如图4-78所示。

图4-78

Step 01 打开随书配套光盘中的"猫眼石_start.max"场

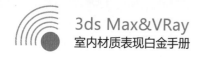
景文件，在场景中有猫眼石模型，如图4-79所示。

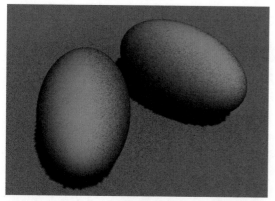

图4-79

Step 02 打开［材质编辑器］，选择"猫眼石"材质球，单击 Standard 按钮，指定一个［VRayMtl］材质，单击［漫反射］后的方块按钮，为其指定一个［渐变坡度］贴图，如图4-80所示。

图4-80

Step 03 在渐变坡度参数栏中，调整其渐变颜色，使其中心位置呈现出最高亮的效果，最两边是RGB颜色值为（20、62、0）比较暗的绿色，逐渐到中间有一个明显的白色高光，如图4-81所示。

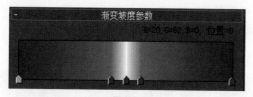

图4-81

Step 04 在［漫反射］中加入一张渐变贴图还不足以呈现出非常高亮的效果，所以对于猫眼石来说，还需要［反射］。设置［反射］的RGB颜色值为（171、171、171）的灰色，如图4-82所示。

图4-82

Step 05 勾选［菲涅耳反射］，设置［高光光泽度］为0.57，猫眼石同样也不具有镜面反射的效果，所以设置［反射光泽度］为0.8、［细分］为15，如图4-83所示。

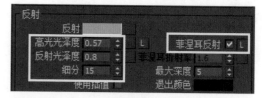

图4-83

Step 06 猫眼石还具有一点透明的效果，所以这里设置［折射］为深灰色，设置［光泽度］为0.97、［细分］为15，如图4-84所示。

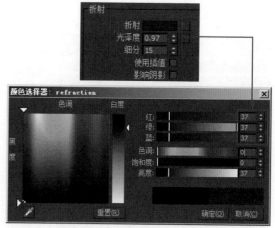

图4-84

以上参数只是对猫眼石本身的反射及透明度的调节，而猫眼石上的高亮的高光必须通过［自发光］来进行调节。

Step 07 单击［自发光］后的方块按钮，指定一张［渐变坡度］贴图，［渐变坡度］的颜色设置与［漫反射］中的一致，设置［倍增］值为0.21，与如图4-85所示。

图4-85

以上就是猫眼石材质的调节方法，进行渲染，最终效果如图4-86所示。

图4-86

4.11 夜明珠材质

夜明珠是一种稀有的宝物，古称"随珠"、"悬珠"、"垂棘"、"明月珠"等。通常情况下所说的夜明珠是指荧光石或夜光石，它们是大地里的一些发光物质由最初的岩浆喷发，到后来的地质运动，集聚于矿石中而成，含有这些发光稀有元素的石头，经过加工，就是人们所说的夜明珠，常有黄绿、浅蓝和橙红等颜色。把荧光石放到白色荧光灯下照一照，它就会发出美丽的荧光，这种发光性明显表现为昼弱夜强，如图4-87所示。

图4-87

夜明珠本身是可以发光的，在夜晚可以看到，它也是矿石的一种，是一种特殊的石材，所以经过加工之后，它的表面非常光滑，并具有反射效果。

Step 01 打开随书配套光盘中的"夜明珠材质_start.max"场景文件，在场景中有一颗夜明珠模型，如图4-88所示。

图4-88

Step 02 打开［材质编辑器］，选择"夜明珠"材质球，单击 Standard 按钮，指定一个［VRayMtl］材质，设置［反射］颜色为深灰色，如图4-89所示。

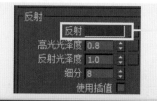

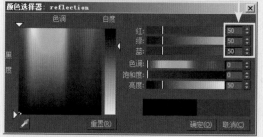

图4-89

Step 03 夜明珠的反射较低，这里设置［高光光泽度］为0.8，如图4-90所示。

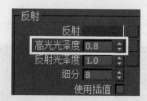

图4-90

Step 04 夜明珠具有一定的透明性，所以设置［折射］为10%的灰色，设置［光泽度］为0.7、［细分］为30，如图4-91所示。

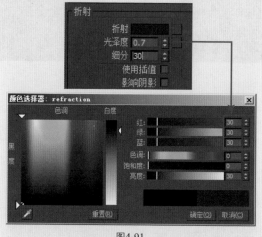

图4-91

仅仅通过反射和折射来调节夜明珠的材质是不够的，从前面的效果图可以看到在夜明珠的球体上有一些颜色的变化，这种效果是通过在漫反射中添加渐变贴图来实现的。

Step 05 单击［漫反射］后的方块按钮，指

定一张［渐变］贴图，并调节渐变的颜色（［颜色#1/#3］的RGB颜色值为99，169，248、［颜色#2］的RGB颜色值为198，224，253），通过这个渐变贴图来对球体的上、中、下3个颜色进行控制，如图4-92所示。

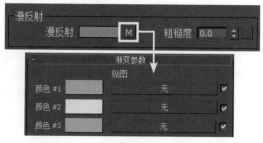

图4-92

Step 06 返回到上一层级，在［半透明］栏中设置［类型］为［硬（蜡）模型］，单击［背景颜色］后面的方块按钮，指定一张［衰减］贴图，设置［厚度］为1000，如图4-93所示。

图4-93

Step 07 在［自发光］栏中，设置［自发光］的颜色为50%的灰色，如图4-94所示。

图4-94

Step 08 使其看起来有自发光的效果，但是目前渲染的效果并不是通过这个材质的自发光得到的，看一下当前场景，在场景中的夜明珠中心位置创建了一个VRay的灯光，如图4-95所示。

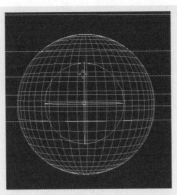

图4-95

Step 09 选择灯光,进入其[修改]面板,观察其参数设置,它的[倍增]值为8,[颜色]为绿色,如图4-96所示。

以上就是夜明珠材质的调节方法,通过渲染得到如图4-97所示的效果。

图4-96   图4-97

第5章

布料材质

5.1 遮阳帘材质

常规的遮光窗帘是在传统窗帘基础上换成不透光或加厚面料，从而实现对光线的基本控制，实现遮光效果，如图5-1所示。

图5-1

这种遮阳帘是很常见的，其半透明效果主要是通过VRay双面材质来实现的，VRay双面材质包含正面材质和背面材质。

下面来设置一下遮阳帘材质的参数。

Step 01　在3ds Max中打开配套光盘中的场景文件"遮阳帘_初始.max"，按M键，打开［材质编辑器］，选择一个材质球，并指定给场景中的遮阳帘模型。

Step 02　单击 Standard 按钮，在弹出的［材质/贴图浏览

器］窗口中选择［材质］中［V-Ray］下的［VRay2SidedMtl］材质球，如图5-2所示，在弹出的［替换材质］面板中选择［丢弃旧材质］选项。进入［VRay2SidedMtl］参数面板，如图5-3所示。

图5-2

图5-3

Step 03 单击［正面材质］后面的［无］按钮，在弹出的［材质/贴图浏览器］窗口中选择［材质］中［V-Ray］下的［VRayMtl］材质球，进入［VRayMtl］材质参数面板，如图5-4所示。

图5-4

Step 04 为［漫反射］添加一个衰减效果，第1个颜色为浅黄色（几乎是白色），第2个颜色更深一些，如图5-5所示。

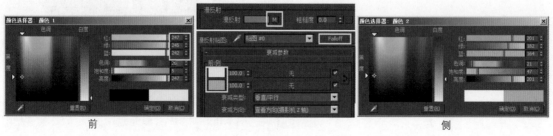

前　　　　　　　　　　　　　　　　　　　　　　　　侧

图5-5

由于遮阳帘不具有反射效果，因此这里不需要设置［反射］参数，均保持默认即可，如图5-6所示。

Step 05 遮阳帘具有一定的透明效果，而VRay材质下的［折射］属性就是控制透明效果的，因

图5-6

此可稍微设置一下折射，且RGB颜色值要非常低。另外，遮阳帘后面的物体并不需要看得非常清楚，因此将［光泽度］的值设置为0.58，让透明的效果变得模糊一些，［细分］值设置为50，如图5-7所示。

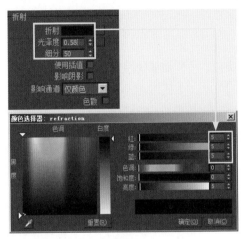

图5-7

Step 06 ［背面材质］的参数与［正面材质］是一样的，因此在调整好［正面材质］之后，直接将其复制到［背面材质］即可，如图5-8所示。因为遮阳帘的正反面都是一样的，所以在模拟这种真实物体的时候，也要尽量去贴近它的真实现象。

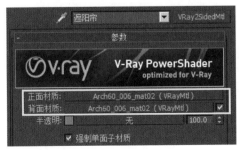

图5-8

Step 07 还有一点需要注意，即灯光辅助，如图5-9所示，在这个场景中，每一

个遮阳帘的后面都要设定一个VRay的面光源，其存在的位置正好是每个遮阳帘的后边，起到泛光的作用。

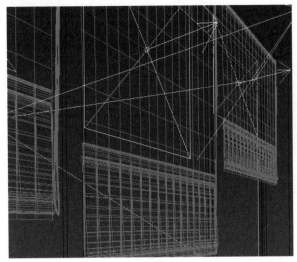

图5-9

以上就是遮阳帘材质的调节方法，最终的渲染效果如图5-10所示。

图5-10

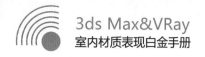

5.2 纱帘材质

纱帘顾名思义就是纱质窗帘，通常是指透明或是半透明的纱，如图5-11所示。

图5-11

纱帘具有半透明的效果，与上一小节中讲解的遮阳帘类似，同样需要使用VRay的双面材质进行调节。

Step 01 在3ds Max中打开配套光盘中的场景文件"纱帘_初始.max"，按M键，打开［材质编辑器］，选择一个材质球，并指定给场景中的纱帘模型。

Step 02 单击 Standard 按钮，在弹出的［材质/贴图浏览器］窗口中选择［材质］中［V-Ray］下的［VRay2SidedMtl］材质球，在弹出的［替换材质］面板中选择［丢弃旧材质］选项，此时进入［VRay2SidedMtl］材质面板，如图5-12所示。

图5-12

Step 03 单击［正面材质］后面的［无］按钮，在弹出的［材质/贴图浏览器］窗口中选择［材质］中［V-Ray］下的［VRayMtl］材质球，进入［VRayMtl］材质参数面板。

Step 04 将［漫反射］的颜色设置为灰白色，如图5-13所示。

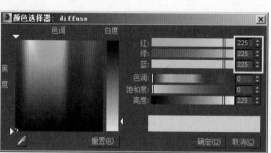

图5-13

Step 05 由于纱帘不具有反射效果，因此［反射］参数均保持默认即可。但它具有一定的透明效果，所以将［折射］的颜色设置为灰色，同时将［光泽度］的值设置为0.7，［细分］值设置为

50，［折射率］的值设置为1，如图5-14所示。

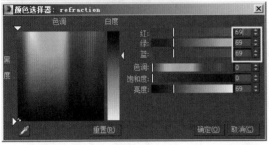

图5-14

［折射率］的默认值为1.6，就像玻璃一样具有折射效果，但是将该值设置为1就不具有这种折射的效果了，窗帘之间没有任何折射的效果。

Step 06 纱帘的［背面材质］与［正面材质］的参数都是一样的，因此复制得到即可，这里不再赘述。

提示

为什么要对类似窗帘等的物体使用VRay的双面材质进行调节呢？主要就在于它是半透明的物体，它不仅是受到光照的影响，而且还会透光，受到光照之后会有阴影，比如窗框的阴影会映在窗帘上，这样的效果就需要双面材质来解决。

Step 07 同样的道理，对于这样的泛光效果，我们也是在场景中窗帘的后边打了一个非常大的VRay的面光源，如图5-15所示。

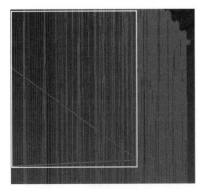

图5-15

Step 08 面光源的参数非常简单，设置［倍增］值为5、［颜色］为白色，同时勾选［双面］和［不可见］参数即可，如图5-16所示。

图5-16

通过灯光的配合和材质的调节，就得到了这样的纱帘的质感，最终的渲染效果，如图5-17所示。

图5-17

5.3 布艺沙发材质

布艺沙发材质的效果如图5-18所示。

81

图5-18

　　布艺沙发的材质主要体现在它的纹理上。在场景中，要观察布艺沙发离摄影机的远近程度，从而考虑布艺纹理需要设置多大，如果将布艺纹理设置得非常小，那么就体现不出纹理的质感了，就算渲染得再真实，也是模糊一片，不会体现出布艺的质感。因此根据相机的远近，来调整布艺的纹理大小，是本小节中要学习的最关键的知识。

　　下面来设置布艺沙发材质的参数。

　　Step 01 在3ds Max中打开配套光盘中的场景文件"布艺沙发_初始.max"，选择布艺沙发模型，在［修改］面板中的［参数］卷展栏下将［长度］、［宽度］和［高度］的值均设置为800mm，如图5-19所示。

　　Step 02 按M键，打开［材质编辑器］，选择一个材质球，并指定给场景中的布艺沙发模型。

　　Step 03 单击 Standard 按钮，在弹出的［材质/贴图浏览器］窗口中选择［材质］中［V-Ray］下的［VRayMtl］材质球，在弹出的［替换材质］面板中选择［丢弃旧材质］选项，此时进入［VRayMtl］材质面板。

　　Step 04 为［漫反射］添加一个纹理贴图，如图5-20所示。

　　由于布艺沙发不具有反射效果和透明效果，因此［反射］和［折射］的参数均保持默认即可，如图5-21所示。

图5-19

图5-20

图5-21

Step 05 打开［贴图］卷展栏，为［凹凸］属性添加一张贴图，如图5-22所示。

布艺沙发的材质非常简单。而重点是要在摄影机与物体的不同距离下，为其设置一个合适的UV，如果距离非常近，如图5-23所示，布料会显得非常粗糙，说明UV的设定是不合适的。

烟雾颜色	100.0	✓	无
凹凸	30.0	✓	Map #75 (布036.jpg)
置换	100.0	✓	无
不透明度	100.0	✓	无

图5-22   图5-23

以上就是布艺沙发材质的调节方法，最终的渲染效果如图5-24所示。

图5-24

5.4 床单材质

床单材质的效果如图5-25所示。

图5-25

这个床单材质的制作原理与纱帘非常相似，本小节我们主要设定的是一个半透明的床单，如图5-26所示。有深色的，透过底下深色床垫的这个部分，还有下边透过白色皮质包边的部分，都可以清晰地看到这个床单是一个半透明的效果。

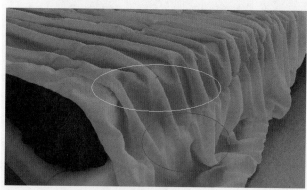

图5-26

下面来设置床单材质的参数。

Step 01 在3ds Max中打开配套光盘中的场景文件"床单_初始.max"，对于床单材质的参数，我们同样使用了一个VRay双面材质。单击［正面材质］后面的［无］按钮，在弹出的［材质/贴图浏览器］窗口中选择［材质］中［V-Ray］下的［VRayMtl］材质球，进入［VRayMtl］材质参数面板。

Step 02 设置［漫反射］的颜色为灰白色，如图5-27所示。

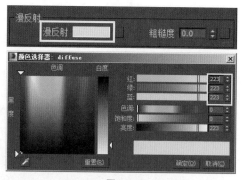

图5-27

Step 03 由于床单不具有反射效果，因此［反射］栏中的参数均保持默认值即可，如图5-28所示。

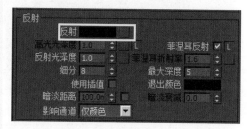

图5-28

Step 04 设置［折射］属性的RGB颜色值均为91，并设置［光泽度］的值为0.7、［细分］值为30、［折射率］值为1，如图5-29所示。

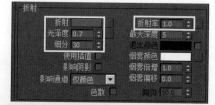

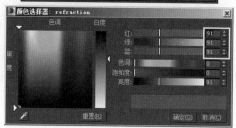

图5-29

Step 05 打开［贴图］卷展栏，为［凹凸］属性添加一个凹凸贴图，如图5-30所示。

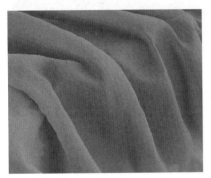

图5-30

凹凸贴图的目的是提升床单的质感，让它看起来不像纱帘，渲染后放大的效果如图5-31所示。

法，最终的渲染效果如图5-33所示。

图5-33

图5-31

到这里正面材质就设置完成了。

Step 06 背面材质与正面材质的参数基本相同，唯一需要设置的就是［自发光］，让它有一些自发光的效果，使床单看起来白一些，如图5-32所示。

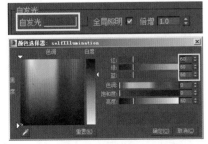

图5-32

以上就是床单材质的调节方

5.5 毛巾材质

毛巾材质的效果如图5-34所示。

图5-34

由于毛巾上面有很多细小的毛，因此它的材质主要通过贴图和添加VRay毛皮来表现。

下面来设置毛巾材质的参数。

Step 01 在3ds Max中打开配套光盘中的场景文件"毛巾_初始.max"，按M键，打开［材质编辑器］，选择一个材质球，并指定给场景中的毛巾模型。

Step 02 单击 Standard 按钮，在弹出的［材质/贴图浏览器］窗口中选择［材质］中［V-Ray］下的［VRayMtl］材质球，在弹出的［替换材质］面板中选择［丢弃旧材质］选项。进入［VRayMtl］面板，为［漫反射］添加一张贴图，如图5-35所示。

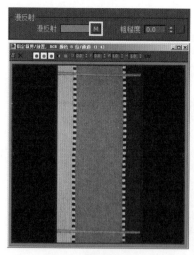

图5-35

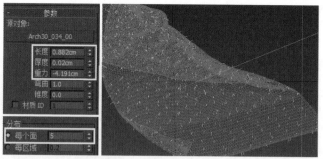

图5-37

其他参数均保持默认即可，没有反射、折射和凹凸等属性。

然而通过这样的表现，渲染出来的效果图不会有真实的毛巾质感的效果，因为它只是一张贴图，体现不出毛绒的质感，所以下面要为毛巾添加VRay毛发。

Step 03 选择场景中的毛巾模型，在［创建］面板下［几何体］中的［VRay］中单击［VR-毛皮］，如图5-36所示，为毛巾创建毛发。

以上就是毛巾材质的调节方法，最终的渲染效果如图5-38所示，毛巾的质感看起来非常细腻，但又不是很密集。

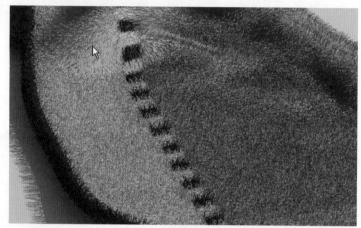

图5-38

5.6 绒布材质

绒布经过拉绒后表面呈现丰润绒毛状的棉织物，通过在布的表面做的针孔扎绒工艺，产生较多绒毛，立体感强，光泽度高，摸起来柔软厚实，如图5-39所示。

图5-36

Step 04 切换到［修改］面板，设置［参数］卷展栏中的［长度］值为0.882cm、［厚度］值为0.02cm、［重力］值为-4.191cm，同时在［分布］栏中选择［每个面］，并将分布值设置为5，即每个面上有5根毛发，如图5-37所示。

图5-39

在本小节将制作一个绒布毛巾的材质效果，绒布的主要特点就是非常柔软。

Step 01 在3ds Max中打开配套光盘中的场景文件"绒布_初始.max"，按M键，打开［材质编辑器］，选择一个材质球，并指定给场景中的毛巾模型。

这里没有使用VRay的材质，而是使用标准材质来制作，这是一种比较古老的材质调节方法。

Step 02 在［Blinn基本参数］卷展栏中设置［环境光］和［漫反射］的颜色，如图5-40所示，RGB颜色值均为（238、196、150）。

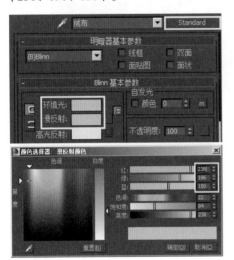

图5-40

Step 03 为［透明度］添加一个［衰减］，并且设置［衰减类型］为［菲涅耳］，如图5-41所示。

图5-41

Step 04 设置［高光级别］为10、［光泽度］为26，如图5-42所示。

图5-42

Step 05 展开［贴图］卷展栏，为［反射］属性也添加一个衰减，如图5-43所示。

最终调节好的材质球效果如图5-44所示，可以看到，在球体的周围是比较亮的，越往中心越还原材质的本身颜色。

图5-43　　　　　　　　图5-44

以上就是绒布材质的调节方法，最终渲染的绒布毛巾效果如图5-45所示。

图5-45

5.7 地毯材质

地毯是以棉、麻、毛、丝、草等天然纤维或化学合成纤维为原料，经手工或机械工艺进行编结、栽绒或纺织而成，如图5-46所示。

图5-46

地毯材质在商业表现时通常会有一个贴图。

Step 01 在3ds Max中打开配套光盘中的场景文件"地毯_初始.max"，按M键，打开［材质编辑器］，选择一个材质球，并指定给场景中的地毯模型。

关于地毯材质，这里使用标准材质即可。

Step 02 为［漫反射］添加一张贴图，如图5-47所示。

但是对于地毯来说，一张贴图是远远不够的，它上面非常细小的绒毛只靠贴图或是凹凸是表现不出来的，对于这样的绒毛来说，最好的方式就是添加毛发。

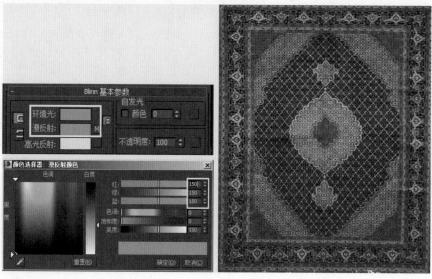

图5-47

Step 03 选择地毯模型，在［创建］面板下［几何体］中的［VRay］中单击［VR-毛皮］，如图5-48所示。

图5-48

Step 04 切换到［修改］面板，设置［参数］卷展栏中的［长度］值为0.527mm、［厚度］值为0.02mm、［重力］值为-3.09mm、［弯曲］值为0.984，同时在［分布］栏中选择［每个面］，并将分布值设置为300，如图5-49所示。

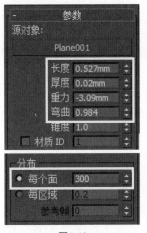

图5-49

这样做的目的是让地毯效果变得非常细腻，毛发更多一些，但是渲染也会慢一些。通过渲染我们就得到了和真实的地毯非常接近的毛绒绒的地毯效果，如图5-50所示。

图5-50

以上就是地毯材质的调节方法。

5.8 丝绸材质

丝绸是中国的特产之一，一种纺织品，用蚕丝或合成纤维、人造纤维、长丝织成，如图5-51所示。

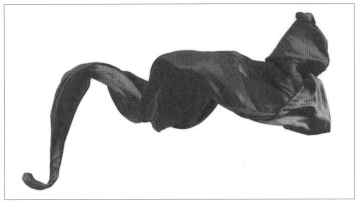

图5-51

丝绸材质的主要特点是具有一定的透明性，并且表面上看起来非常光亮，但是反射并不高。下面我们根据这个特点来模拟一下丝绸材质的调节方法。

Step 01 使用的还是一个3ds Max标准的材质类型，并且将其设置为双面材质，如图5-52所示。

图5-52

Step 02 设置［环境光］、［漫反射］和［高光反射］的颜色，并设置［高光级别］的值为122、［光泽度］的值为49，如图5-53所示。

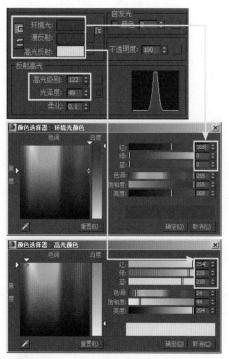

图5-53

Step 03 分别在［自发光］的［颜色］和［不透明度］上添加［衰减］效果，在［衰减］效果中，将［前］和［侧］的颜色均设置为灰色，但是在［自发光］下的衰减效果中，需要将［侧］的值设置为5，同时将［衰减类型］设置为［菲涅耳］，如图5-54所示。

图5-54

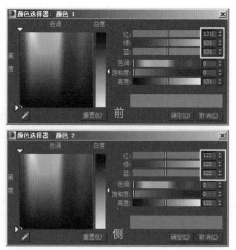

图5-54（续）

Step 04 打开［贴图］卷展栏，同样为［反射］添加一个［衰减］效果，如图5-55所示。

图5-55

这样材质球就会象绒布一样在周边有点泛光的效果，越往中心越还原材质本身的颜色，如图5-56所示。

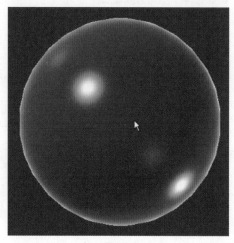

图5-56

以上就是丝绸材质的调节方法，最终的渲染效果如图5-57所示。

图5-57

第6章

皮革材质

6.1 人造皮革材质

　　本小节将制作人造皮革材质。人造皮革也叫仿皮或胶料，它是在纺织布基或无纺织布基上，由各种不同配方的PVC和PU等发泡或覆膜加工制作而成的，可以根据不同强度、耐磨度、耐寒度和色彩、光泽、花纹图案等要求加工制作，品种和花色繁多，如图6-1所示。

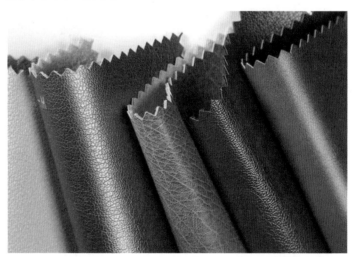

图6-1

　　现在的人造皮革材质和纯皮越来越接近了，制作工艺水平越来越高，从外观上来看，人造的皮革材质和纯皮没有太大的区别，所以对于这样的皮革材质，我们完全可以按照纯皮的制作方法来制作。

　　Step 01 在3ds Max中打开配套光盘中的场景文件"人造皮革材质_start"，按M键，打开材质编辑器，选择一个材质

球，并指定给手套模型，单击 Standard 按钮，在弹出的［材质/贴图浏览器］中选择［VRayMtl］材质球。设置［漫反射］的RGB颜色值为（3、3、3），一个接近黑色的一个颜色，如图6-2所示。

图6-2

Step 02 设置［反射］的RGB颜色值为（255、255、255）的白色，也就是100%反射，并且勾选［菲涅耳反射］属性，如图6-3所示。

图6-3

Step 03 对于这种皮质的纹理来说，它的反射并不像镜子一样，所以把［反射光泽度］设置为0.65，这样的数值会产生非常多的颗粒，将［细分］加大，设置为30，如图6-4所示。

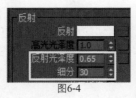

图6-4

Step 04 对于皮质纹理，主要是通过凹凸来实现的，在［贴图］卷展栏中为［凹凸］属性添加一张贴图，作为人造皮革的凹凸纹理，如图6-5所示。

图6-5

Step 05 单击［渲染产品］按钮，进行渲染，得到的效果，如图6-6所示。

图6-6

以上就是人造皮革材质的调节方法。

6.2 鳄鱼皮材质

本小节将制作一个鳄鱼皮材质的钱包，效果如图6-7所示。鳄鱼皮有非常漂亮的天然渐变方格纹路，也非常有光泽。

图6-7

Step 01 在3ds Max中打开配套光盘中的场景文件"鳄鱼皮_start"，按M键，打开材质编辑器，选择一个材质球，并指定给钱包模型，单击 [Standard] 按钮，在弹出的 [材质/贴图浏览器] 中选择 [VRayMtl] 材质球。为 [漫反射] 添加一张贴图，如图6-8所示。

　　鳄鱼皮的特性是它的凹凸比较大，和我们之前讲解的人造皮革相比，鳄鱼皮材质的凹凸比较大。

Step 02　设置 [反射] 的RGB颜色值为（97、97、97），如图6-9所示。

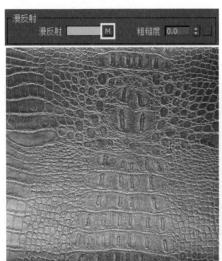

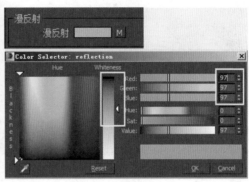

图6-8　　　　　　　　　　　　　　　图6-9

Step 03　勾选 [菲涅耳反射]，设置 [反射光泽度] 为0.93、[细分] 为30，发射的效果更逼真，将黑白贴图添加到 [反射光泽度] 属性上，如图6-10所示。

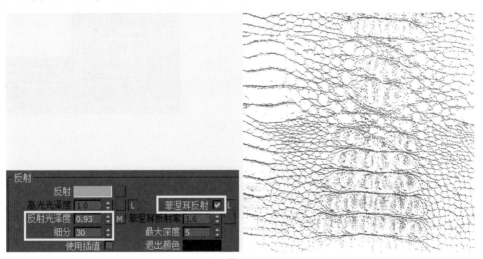

图6-10

Step 04　鳄鱼皮的凹凸效果比较明显，我们将上面这张黑白贴图添加到 [贴图] 的 [凹凸] 属性上。

　　至此，鳄鱼皮材质就制作完成了。

6.3 虎皮材质

本小节将讲解虎皮材质，虎皮材质多出现在地毯、毛毯和沙发上，如图6-11所示。虎皮材质最重要的就是它的毛发，其纹理相对简单，可以直接使用贴图来表现。

Step 01 在3ds Max中打开配套光盘中的场景文件"虎皮_start"，按M键，打开材质编辑器，选择一个材质球，并指定给平面，为［漫反射］添加一张贴图，如图6-12所示。

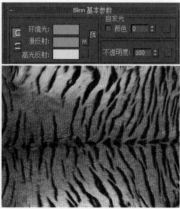

图6-11   图6-12

对于虎皮材质的制作重点在于它的毛发。

Step 02 选择平面，在创建面板［几何体］中，单击下拉菜单，在弹出的命令中选择［VRay］，单击［VR-毛发］按钮，在视图中就创建了一个VRay毛发，设置毛发的长度为0.8mm、厚度为0.02mm、重力为-3.826、弯曲为0.93，设置［每个面］为300，即每一个面上分布300个毛发，如图6-13所示

Step 03 单击［渲染产品］按钮，渲染效果如图6-14所示。

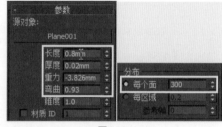

图6-13

图6-14

Step 04 在［贴图］卷栏中为毛发的贴图加入一张黑白方向的贴图，如图6-15所示，它其实和毛发［漫反射］属性上的贴图是一样，只是是黑白颜色的。

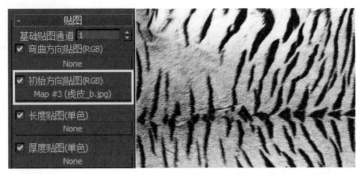

图6-15

渲染效果如图6-16所示，以上就是虎皮材质的调节方法。

图6-16

6.4 牛皮材质

本小节讲解牛皮材质的制作方法，牛皮本身是一个颜色，上面还有一些纹理，如图6-17所示，与前面章节中讲解的人造皮革材质非常的相像。

图6-17

Step 01 在3ds Max中打开配套光盘中的场景文件"牛皮_start",按M键,打开材质编辑器,选择一个材质球,并指定给包模型,单击 Standard 按钮,在弹出的[材质/贴图浏览器]中选择[VRayMtl]材质球。设置[漫反射]的RGB颜色值为(38、14、16),如图6-18所示。

图6-18

Step 02 设置[反射]的RGB颜色值为(240、240、240),接近百分之百的反射,勾选[菲涅耳反射],设置[反射光泽度]为0.65、[细分]为8,如图6-19所示。

图6-19

Step 03 单击[渲染产品]按钮,效果如图6-20所示。

图6-20

Step 04 在[贴图]卷展栏中为[凹凸]属性加入一张凹凸贴图,如图6-21所示。

同样可以使用这样一张贴图,来制作牛皮材质,大家可以在商场中观察一下现在的人造皮革和纯皮到底有什么区别。

至此,牛皮材质就制作完成了。

图6-21

6.5 翻毛皮材质

本小节将制作翻毛皮材质,翻毛皮,是对表面有毛的皮的总称,是相对于传统光面皮的另一类产品,如图6-22所示。

图6-22

对于翻毛皮的材质来说,它一面的材质是皮质纹理,另一面的材质是翻毛,这里使用双面材质来进行制作。

Step 01 在3ds Max中打开配套光盘中的场景文件"翻毛皮_start",按M键,打开材质编辑器,选择一个材质球,并指定给面片。单击 Standard 按钮,在弹出的[材质/贴图浏览器]中选择[VRay2SidedMtl]材质球,在弹出的[替换材质]面板中,选择[将旧材质保存为子材质],如图6-23所示。

图6-23

图6-26

Step 02 正面材质用来制作翻毛纹理。单击正面材质后面的按钮，进入基础材质面板，单击 Standard 按钮，在弹出的［材质/贴图浏览器］中选择［VRayMtl］材质球，为［漫反射］添加一张翻毛皮贴图，如图6-24所示。

图6-24

Step 05 至此翻毛皮材质就制作完成了，下面再来渲染一下看下它的效果，效果如图6-27所示。

图6-27

可以看到在这一侧，显示的是皮质纹理，而另一侧则呈现出了翻毛皮的效果，通过VRay的双面材质，完全可以达到这样的效果，而且渲染速度非常快。

Step 03 背面材质用来制作皮质纹理。勾选背面材质，单击背面材质后面的按钮，在弹出的［材质/贴图浏览器］中选择［VRayMtl］材质球，设置［漫反射］的RGB颜色值为（89、58、38）。设置［反射光泽度］为0.84，［反射］的RGB颜色值为（138、138、138），勾选［菲涅尔反射］选项，如图6-25所示。

Step 04 在［贴图］卷展栏中，为［凹凸］属性添加一张贴图，如图6-26所示。

6.6 PU材质

PU是英文poly urethane的缩写，化学中文名称为"聚氨酯"。PU皮革就是聚氨酯成份的表皮，现在广泛用于制做箱包、服装、鞋、车辆和家具的装饰，且日益得到市场的肯定，其应用范围之广，数量之大，品种之多，是传统的天然皮革无法满足的。PU自身非常柔软，并且它的纹理非常细腻，如图6-28所示。

图6-28

本小节将讲解PU材质的制作方法。PU是仿皮材质。

Step 01 在3ds Max中打开配套光盘中的场景文件

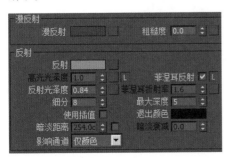

图6-25

"PU_start"，按M键，打开材质编辑器，选择一个材质球，并指定给手套模型。单击 Standard 按钮，在弹出的［材质/贴图浏览器］中选择［VRayMtl］材质球。设置［漫反射］的RGB颜色值为（3、3、3），一个接近黑色的颜色，如图6-29所示。

图6-29

Step 02 设置［反射］的RGB颜色值为（255、255、255），勾选［菲涅耳反射］选项。设置［反射光泽度］为0.65，［细分］为30，如图6-30所示。

图6-30

Step 03 在［贴图］卷展栏中为［凹凸］添加一张贴图，控制纹理的凹凸，如图6-31所示。

图6-31

提示　人造皮革和PU材质都是属于高仿类型的皮质纹理，有的质地硬一些；有的质地软一些；有的显得比较光亮；有的是亚光效果，如图6-32所示，在材质调节上只是反射上有所不同而已。

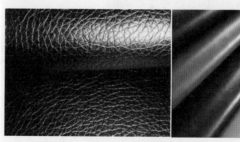

图6-32

Step 04 单击［渲染产品］按钮进行渲染，效果如图6-33所示。

图6-33

PU材质就制作完成了。

第7章

瓷器材质

7.1 白瓷材质

白瓷是中国传统瓷器分类（青瓷、青花瓷、彩瓷、白瓷）中的一种。以含铁量低的瓷坯，施以纯净的透明釉烧制而成，如图7-1所示。

图7-1

白瓷材质的釉面效果非常突出，根据这种特点，我们来讲解一下瓷器材质的调节方法。

Step 01 在3ds Max中打开配套光盘中场景文件"白瓷_初始.max"，按M键，打开［材质编辑器］，选择一个材质球，并指定给场景中的瓷器模型，如图7-2所示。

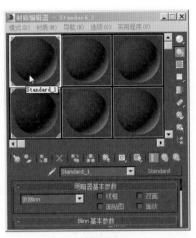

图7-2

Step 02 单击 Standard 按钮，在弹出的［材质/贴图浏览器］中选择［材质］中［V-Ray］下的［VRayMtl］材质球，在弹出的［替换材质］面板中选择［丢弃旧材质］选项，如图7-3所示。

图7-3

此时进入［VRayMtl］参数面板。如图7-4所示。

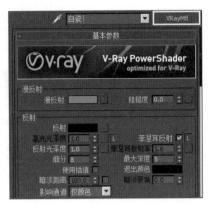

图7-4

Step 03 将［漫反射］颜色设置成纯白色，如图7-5所示。

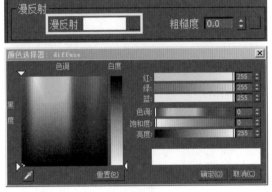

图7-5

Step 04 将［反射］设置为100%，并勾选［菲涅耳反射］，如图7-6所示。

图7-6

Step 05 对于瓷器的效果来说，它有可能会有一点点的光泽度，但是并不明显，所以如果需要考虑它的渲染速度的话，［反射光泽度］可以不调，因为效果并没有太大的差别，其他参数全部使用默认值即可。观察这个瓷器，它显得很白，但在之前测试的时候，它的颜色不是这么白，我们可以人为给它加一点儿［自发光］，如图7-7所示，让它有一点泛白的感觉，注意自发光不要太大，否则就会像一个自发光物体。

图7-7

以上这就是白色瓷器材质的调节方法，最终效果如图7-8所示。

图7-8

7.2 青瓷材质

青瓷是高温颜色的品种之一，其坯料和釉料均含有较高的铁成分，经过1200°以上高温焙烧，使瓷器表面挂釉有一层锃亮的青光，如图7-9所示。

图7-9

事实上，青瓷材质和白瓷材质的参数类似，它的反射度以及釉面的反射效果相近，区别就在于颜色上。

下面来设置青瓷的材质。

Step 01 在3ds Max中打开配套光盘中场景文件"青瓷_初始.max"，按M键，打开［材质编辑器］，选择一个材质球，并指定给场景中的瓷器模型。

Step 02 单击 Standard 按钮，在弹出的［材质/贴图浏览器］中选择［材质］中［V-Ray］下的［VRayMtl］材质球，在弹出的［替换材质］面板中选择［丢弃旧材质］选项。

此时进入［VRayMtl］参数面板。

Step 03 将［漫反射］的颜色设置为偏蓝的绿色，如图7-10所示。

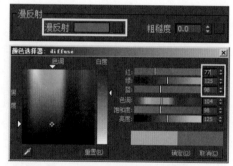

图7-10

Step 04 反射应该是一个带有颜色的反射度，要将它设置成偏绿一些的颜色，如图7-11所示。

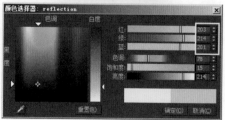

图7-11

Step 05 反射一方面可以使瓷器具

有反射的效果；另一方面，在瓷器上最亮的部分会产生带有颜色的高光，所以为了增强瓷器的整体质感，不能把［反射］简单地调成一个白色，而是要让它的高光处也带有颜色，这样才能提升整个瓷器的质感，如图7-12所示。

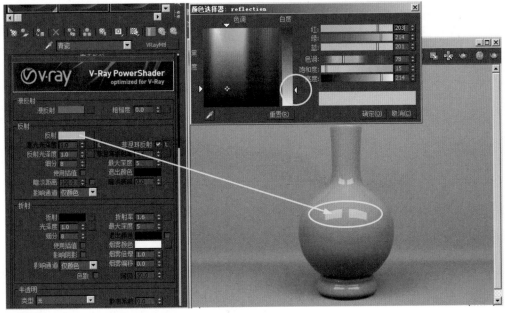

图7-12

Step 06 勾选［菲涅耳反射］属性，如图7-13所示，这些参数都与白瓷是一样的。

以上就是青瓷材质的调节方法，最终效果如图7-14所示。

图7-13　　　　　　　　　图7-14

7.3 青白瓷材质

青白瓷是汉族传统制瓷工艺中的珍品，如图7-15所示。

青白瓷材质和白瓷青瓷类似，是它们中间的一种，也就是说，其颜色介于两者之间，既偏青，也偏白，从图7-16所示的最终渲染效果中可见，罐子就是这样的颜色，同时其反射度，以及釉面的效果也和前两者是一样的。

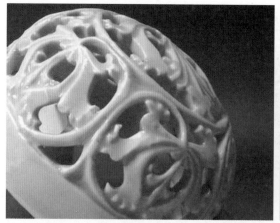

图7-15

图7-16

下面来学习青白瓷材质的调节方法。

Step 01 在3ds Max中打开配套光盘中场景文件"青白瓷_初始.max"，按M键，打开［材质编辑器］，选择一个材质球，并指定给场景中的瓷器模型。

Step 02 单击 Standard 按钮，在弹出的［材质/贴图浏览器］中选择［材质］中［V-Ray］下的［VRayMtl］材质球，在弹出的［替换材质］面板中选择［丢弃旧材质］选项。

此时进入［VRayMtl］参数面板。

Step 03 将［漫反射］属性的颜色设置为青白色，使材质球的颜色介于白色和青色之间的，如图7-17所示。

图7-17

Step 04 将［反射］的颜色设置为白色，如图7-18所示，当然也可以让它带有一点青色。

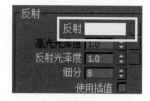

图7-18

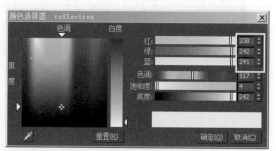

图7-18（续）

Step 05 勾选［菲涅耳反射］属性，如图7-19所示。

图7-19

Step 06 在［贴图］卷展栏下的［凹凸］属性中还添加了一个法线凹凸贴图，如图7-20所示。这是一个法线凹凸，它的效果能够呈现出非常真实的凹凸现象，和我们常用的凹凸有一点点区别。

图7-20

Step 07 在法线中添加如图7-21所示的贴图，并将它的［凹凸］值设置为6。这是一种通过法线形式使物体得到凹凸效果的方法。

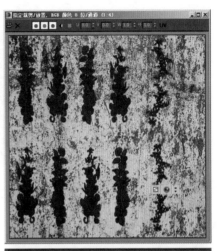

图7-22

打开材质球，观察其发生的变化，如图7-23所示。

图7-23

图7-21

Step 08 在附加凹凸中添加一张黑白贴图，这个贴图的深色部分是控制它的凸起或凹陷。深色和亮色形成一个对比度，可以通过数值来控制深色的部分是凸起的还是凹陷下去的，亮部是凸起的还是凹陷下去的，所以说，要通过这样的黑白贴图来控制它的凹凸效果。将这个［凹凸］值设置为0.2，如图7-22所示。

可见，在材质球的表面上会有一点凹凸的感觉，它和法线凹凸是有区别的，目前看到花纹的部分是法线凹凸起的作用，它的凹凸感很真实。

 7.4 黑瓷材质

黑瓷为施黑色高温釉的瓷器，是在青瓷的基础上发展的品种。用氧化铁作为釉的呈色剂，增加铁的含量就成了黑瓷，其釉料中三氧化二铁的含量在5%以上，如图7-24所示。

图7-24

黑瓷材质的主要的特点是黑，在其釉面效果加上这种黑色会显得非常干净。

下面来设置黑瓷材质，调节方法非常简单。

Step 01 在3ds Max中打开配套光盘中场景文件"黑瓷_初始.max"，按M键，打开［材质编辑器］，选择一个材质球，并指定给场景中的瓷器模型。

Step 02 单击 Standard 按钮，在弹出的［材质/贴图浏览器］中选择［材质］中［V-Ray］下的［VRayMtl］材质球，在弹出的［替换材质］面板中选择［丢弃旧材质］选项。

此时进入［VRayMtl］参数面板。

Step 03 将［漫反射］颜色设置为纯黑色，如图7-25所示。

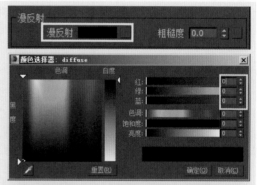

图7-25

Step 04 将［反射］值设置为100%，并勾选［菲涅耳反射］，如图7-26所示，所有需要调节的参数就是这些，对于黑瓷来说非常简单。

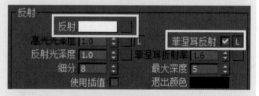

图7-26

以上就是黑瓷材质的调节方法，效果如图7-27所示。

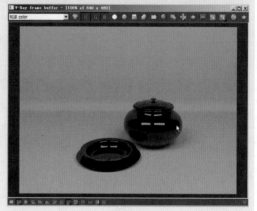

图7-27

7.5 彩绘瓷材质

彩绘瓷亦称"彩瓷",是器物表面中加以彩绘的瓷器,主要分为釉下彩瓷和釉上彩瓷两大类,分别始于唐朝和宋朝,如图7-28所示。

图7-28

对于彩绘瓷材质,在保证瓷的这种特性的基础上,为它添加一张贴图即可。

Step 01 在3ds Max中打开配套光盘中场景文件"彩绘瓷_初始.max",按M键,打开[材质编辑器],选择一个材质球,并指定给场景中的瓷器模型。

Step 02 单击 Standard 按钮,在弹出的[材质/贴图浏览器]中选择[材质]中[V-Ray]下的[VRayMtl]材质球,在弹出的[替换材质]面板中选择[丢弃旧材质]选项。

此时进入[VRayMtl]参数面板。

Step 03 打开[材质编辑器],在[漫反射]中加入一张贴图,如图7-29所示。

图7-29

Step 04 调节属性。将［反射］设置为100%，并勾选［菲涅耳反射］，如图7-30所示。

图7-30

Step 05 再增加一点［自发光］，如图7-31所示。

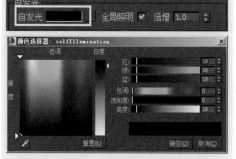

图7-31

Step 06 这里唯一特别的属性就是［高光光泽度］，但其实它的效果并不明显，如图7-32所示。

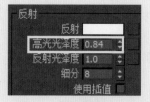

图7-32

这个属性可调也可不调，调节它的目的是使高光的部分不会产生明显的光点，我们可以控制这个高光，但是作为瓷器来说，其本身的釉面效果就很清澈、很干净，所以［高光光泽度］延续之前瓷器材质的调节方法即可，总之，这个数值没有太大的作用。

以上就是彩绘瓷材质调节方法，最终的渲染效果如图7-33所示。

图7-33

7.6 彩色釉材质

彩色釉又称釉下彩，是瓷器釉彩装饰的一种。釉下彩是陶瓷器的一种主要装饰手段，是用色料在已成型晾干的素坯（即半成品）上绘制各种纹饰，然后罩以白色透明釉或其他浅色面釉，一次烧成。烧成后的图案被一层透明的釉膜覆盖在下边，表面光亮柔和、平滑不凸出，显得晶莹透亮，如图7-34所示。

图7-34

彩色釉材质与之前讲解过的陶瓷有一定的区别，当然也有相像的地方，我们可以把彩色釉调节成像瓷器一样的效果，但是本案例中选择的是模糊反射的釉面效果，这是一种比较仿古式的效果，所以对于它的材质调节，关键在于［反射光泽度］。

Step 01 在3ds Max中打开配套光盘中场景文件"彩

色釉_初始.max"，按M键，打开［材质编辑器］，选择一个材质球，并指定给场景中的瓷器模型。

Step 02　单击 Standard 按钮，在弹出的［材质/贴图浏览器］中选择［材质］中［V-Ray］下的［VRayMtl］材质球，在弹出的［替换材质］面板中选择［丢弃旧材质］选项。

此时进入［VRayMtl］参数面板。

Step 03　打开［材质编辑器］，为［漫反射］添加一张贴图，如图7-35所示。

图7-35

Step 04　将［反射］值设置为100%，勾选［菲涅耳反射］，这些与之前所调节的材质都是一样的，唯一的区别就在［反射光泽度］上，这里将其设置为0.87，如图7-36所示。

图7-36

Step 05　这个参数可以使反射效果呈现出一点模糊的感觉，那么对于这种釉面的效果，还可以再为其添加一个凹凸贴图，让纹理有一种凹凸的感觉，使效果看起来更有质感，如图7-37所示。

图7-37

以上就是彩色釉材质的调节方法。

第8章

木材材质

8.1 亚光地板材质

亚光是相对于抛光而言的，也就是非亮光面，如图8-1所示。

图8-1

如上图所示的效果，我们选用的这个亚光地板其实是一个比较有代表性的亚光效果。其模糊程度非常高，除了与物体之间离得比较近的地方能够看到一点反射的效果之外，再往下一点就看不到任何关于物体的形态了，所以说，这种亚光的效果比较强。

下面来设置一下亚光的地板材质的参数。

Step 01 在3ds Max中打开配套光盘中的场景文件"亚光地板_初始.max"，按M键，打开［材质编辑器］，选择一个材质球，并指定给场景中的地板模型。

Step 02 单击 Standard 按钮，在弹出的［材质/贴图浏览器］中选择［材质］中［V-Ray］下的［VRayMtl］材质球，在弹出的［替换材质］面板中选择［丢弃旧材质］选项。

此时进入［VRayMtl］参数面板。

Step 03 在［漫反射］中添加一张地板的贴图，如图8-2所示。

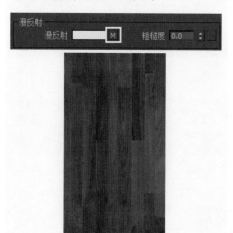

图8-2

Step 04 将［反射］设置为50%，并取消勾选［菲涅耳反射］，如图8-3所示。

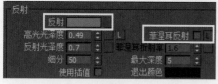

图8-3

Step 05 将［高光光泽度］的值设置为0.49，如图8-4所示，观察其高光效果，由于泛光比较大，不会把光线集中在一点，所以当我们在一定角度观看地板的时候，受到光线的影响，地板上呈现出高光的位置，会有泛光的感觉，且高光点不会集中在一起，这就是［高光光泽度］的作用。

图8-4

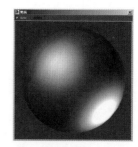

图8-4（续）

Step 06 真正起到模糊地板作用的是［反射光泽度］，将它的值设置为0.7，对于这样的数值来说，其模糊程度是比较强的，在渲染的时候会产生非常多的颗粒，所以可以将［细分］值设置为50，如图图8-5所示，从而来解决颗粒的问题，使材质效果看起来非常细腻。

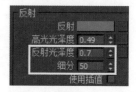

图8-5

以上就是亚光地板材质的调节方法，最终的渲染效果如图8-6所示。

图8-6

8.2 拼花地板材质

当下，一种以不同色彩和树种的木皮拼接，呈现具体或抽象的图案，且极具装饰感的拼花地板成为木地板市场的主流。它依靠变幻多彩的花色、精雕细琢的工艺、个性时尚的设计，悄悄地改变着地板曾经给人留下的呆板、冷漠的印象，如图8-7所示。

图8-7

拼花地板材质的参数与亚光地板的参数是一样的，如图8-8所示，也就是说，它的反射程度和亚光地板没有太大的区别。

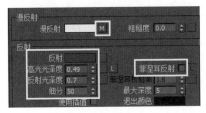

图8-8

唯一的区别就在于它有凹凸。我们为其［凹凸］属性添加一张凹凸贴图，如图8-9所示。

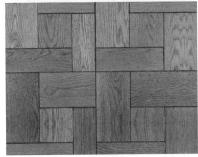

图8-9

通过这个凹凸贴图，得到了如图8-10所示的凹凸效果，无论是拼花的接缝还是拼花的本身，凹凸效果都是比较真实的。

图8-10

尽管拼花地板可以起到防滑和装饰的作用，但是它的［凹凸］值也绝对不能过大。

以上就是拼花地板的材质调节方法。

8.3 实木地板材质

实木地板是天然木材经烘干、加工后形成的地面装饰材料。它呈现出的天然原木纹理和色彩图案，给人以自然、柔和、富有亲和力的感觉，如图8-11所示。

图8-11

通过上图所示的效果可以看到，实木地板的反射要比亚光地板强很多，至少通过这个反射能够看到被反射物体的形态。

3ds Max&VRay 室内材质表现白金手册

下面来设置实木地板的材质。

Step 01 在3ds Max中打开配套光盘中场景文件"实木地板_初始.max",按M键,打开[材质编辑器],选择一个材质球,并指定给场景中的地板模型。

Step 02 单击 Standard 按钮,在弹出的[材质/贴图浏览器]中选择[材质]中[V-Ray]下的[VRayMtl]材质球,在弹出的[替换材质]面板中选择[丢弃旧材质]选项。

此时进入[VRayMtl]参数面板。

Step 03 在[漫反射]中添加了一张地板的贴图,如图8-12所示。

图8-12

Step 04 将[反射]的值设置为80%,将[高光光泽度]的值设置为0.73,将[反射光泽度]的值设置为0.9,将[细分]值设置为50,如图8-13所示。

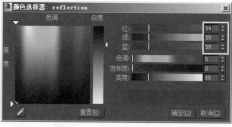

图8-13

无需为实木地板设置凹凸(当然也可以为[凹凸]属性设置一定的数值,因为有些实木地板是带有拼接缝或凹凸效果的),本案例中所设置的地板是没有拼接缝的,渲染效果如图8-14所示。

图8-14

以上就是实木地板材质的调节方法。

 ## 8.4 木纹材质

木纹相比一般的强化地板,具有更像实木的特点。木纹材质将强化地板耐刮擦、坚实耐用的优点,与实木地板的真实质感完美结合起来,使强化地板无论远观还是近赏,视觉还是触觉都具备逼真的实木质感,如图8-15所示。

图8-15

木纹地板的主要特点就是它的木纹材质，对于木纹，我们可以为其设置［凹凸］值，也可以不设置［凹凸］值，但是对于一个质量比较好的木板来说，它会带有一点凹凸的效果，当然这种凹凸有的时候也是人为制作出来的，并不是真正的木纹凹凸。观察图8-16所示的最终渲染效果，可以看到，木纹的清晰程度很高，并且具有凹凸，特别是在受到光反射的地方，可以很清晰地看到这些凹凸的效果。

图8-16

下面讲解木纹材质的调节方法。

Step 01　在3ds Max中打开配套光盘中场景文件"木纹材质_初始.max"，按M键，打开［材质编辑器］，选择一个材质球，并指定给场景中的模型。

Step 02　单击 Standard 按钮，在弹出的［材质/贴图浏览器］中选择［材质］中［V-Ray］下的［VRayMtl］材质球，在弹出的［替换材质］面板中选择［丢弃旧材质］选项。

此时进入［VRayMtl］参数面板。

Step 03　设置参数。在［漫反射］中添加一个木纹贴图，如图8-17所示。

图8-17

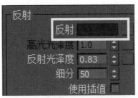

图8-17（续）

Step 04　设置［反射］值为90%，如图8-18所示。

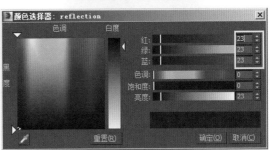

图8-18

Step 05　将［反射光泽度］的值设置为0.83，［细分］值设置为50，如图8-19所示。

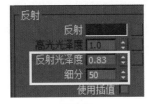

图8-19

Step 06　为［凹凸］属性添加一张凹凸贴图，如图8-20所示。

3ds Max&VRay 室内材质表现白金手册

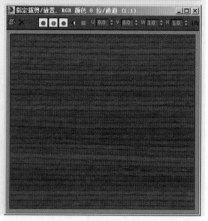

制作木纹的漆面效果，选择的不是那种非常高亮的反射效果。因为对于木纹材质来说，很多设计师或工艺家会保留木纹的特性，所以对于漆面的这种反射效果，选择反射效果不是很强的漆即可，但是这些都不是绝对的。在这个案例中，选择的就是一个反射度比较低的漆面，反射度太高可能会使这个木纹的表面纹理被反射覆盖，使纹理变得非常不清晰。

以上就是木纹材质的调节方法。

图8-20

8.5 黑胡桃材质

黑胡桃材质表面有光泽、纹理直、结构细致略粗、均匀。黑胡桃经刨切出来的木皮常常用于建筑工程木造部分及高级教室家具上。因为是深色树种并且有较好的弹性，所以也非常适合用作桌子及椅子的表面。传统的木皮可以用于钢琴表面及中高档汽车的装饰面，如图8-21所示。

图8-21

黑胡桃材质多数都会用在中式的设计上，如中式的椅子和中式的沙发等。黑胡桃只是一个名称，并不代表它的材质就是黑色。黑胡桃并不是一味的黑，有比较深的颜色，也有比较浅的颜色，如图8-22所示。

图8-22

下面学习黑胡桃材质的调节方法。

Step 01 在3ds Max中打开配套光盘中场景文件"黑胡桃_初始.max"，按M键，打开［材质编辑器］，选择一个材质球，并指定给场景中的门和桌椅模型。

Step 02 单击 Standard 按钮，在弹出的［材质/贴图浏览器］中选择［材质］中［V-Ray］下的［VRayMtl］材质球，在弹出的［替换材质］面板中选择［丢弃旧材质］选项。

此时进入［VRayMtl］参数面板。

Step 03 在［漫反射］中添加一张贴图，如图8-23所示。

图8-23

Step 04 将［反射］值设置为40%，将［反射光泽度］的值设置为0.83，将［细分］的值设置为50，如图8-24所示。

图8-24

Step 05 观察贴图的颜色，将［贴图］卷展栏中的［漫反射］的值设置成70，将贴图颜色加深，如图8-25所示。

图8-25

Step 06 如果将该值设置为100%，就会体现出材质本身的颜色，而降低这个数值，它就会与［漫反射］的颜色进行混合，［漫反射］的颜色是纯黑色，如图8-26所示，所以当降低了材质的参数之后，它和颜色进行混合，渲染出的就会是比较深的颜色。

图8-26

这样就避免了在Photoshop中再去更改材质颜色的环节了，可以说算是一个比较省事的办法。

以上就是黑胡桃材质的调节方法，最终的渲染效果如图8-27所示。

图8-27

8.6 红木材质

红木是中国高端、名贵家具用材的统称，最初是指红色的硬木，品种较多；木材花纹美观，材质坚硬，耐久，为贵重家具及工艺美术品等用材，如图8-28所示。

图8-28

红木材质多数用在中式的设计上，不过欧式的设计也有很多在用。其实红木材质的重点在于它的反射和贴图。

下面来学习红木材质的调节方法。

Step 01 在3ds Max中打开配套光盘中场景文件"红木材质_初始.max"，按M键，打开［材质编辑器］，选择一个材质球，并指定给场景中的桌子模型。

Step 02 单击 Standard 按钮，在弹出的［材质/贴图浏览器］中选择［材质］中［V-Ray］下的［VRayMtl］材质球，在弹出的［替换材质］面板中选择［丢弃旧材质］选项。

此时进入［VRayMtl］参数面板。

Step 03 在［漫反射］中添加一张贴图，如图8-29所示。

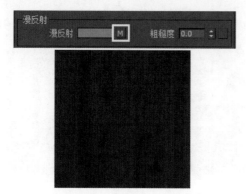

图8-29

Step 04 将［反射］的值设置为80%，并勾选［菲涅耳反射］，如图8-30所示。

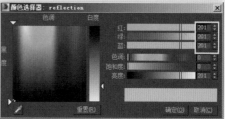

图8-30

Step 05 如果要使红木的表面有釉面的效果，需要将［反射光泽度］的值设置为0.9，如图8-31所示。使它既有模糊的效果，但是又不那么强烈，能够隐约在面板上看到被反射物体的形状。

图8-31

以上就是红木材质的调节方法，最终的渲染效果如图8-32所示。

图8-32

8.7 桑拿板材质

桑拿板是卫生间的专用木板，一般选材于进口松木类和南洋硬木，经过防水、防腐等特殊处理，不仅环保而且不怕水泡，更不必担心会发霉、腐烂，如图8-33所示。

图8-33

其实桑拿板材质的釉面效果非常显著，表面上看起来像涂了一层油。图8-34所示是通过照片合成的，在场景中对照这个位置创建一个物体，然后赋予它桑拿板的材质。

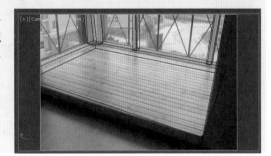

图8-34

下面来学习桑拿板材质的调节方法。

Step 01 在3ds Max中打开配套光盘中场景文件"桑拿板_初始.max"，按M键，打开［材质编辑器］，选择一个材质球，并指定给场景中的模型。

Step 02 单击 Standard 按钮，在弹出的［材质/贴图浏览器］中选择［材质］中［V-Ray］下的［VRayMtl］材质球，在弹出的［替换材质］面板中选择［丢弃旧材质］选项。

此时进入［VRayMtl］参数面板。

Step 03 打开［材质编辑器］，首先为漫反射属性赋予一张贴图，如图8-35所示。

Step 04 将［反射］值设置为70%的灰色，如图8-36所示。

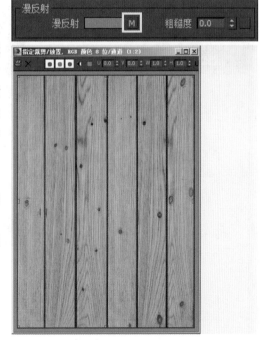

图8-35

图8-36

Step 05 勾选［菲涅耳反射］，并将［反射光泽度］的值设置为0.96，如图8-37所示。

图8-37

Step 06 设置［凹凸］值为75，并为其赋予一张控制凹凸的黑白贴图，如图8-38所示。

图8-38

桑拿板材质所需调节的参数就是这些。

最终效果如图8-39所示，可以看到，在凹凸和有缝隙的地方出现了非常自然的反射效果。

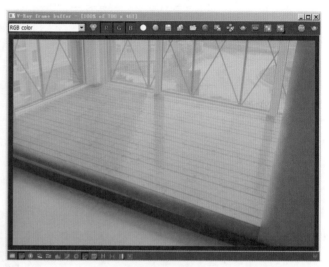

图8-39

8.8 枯木材质

枯木指(树木、植物等)失去水分、没有生趣、枯燥、枯萎的枯树，如图8-40所示。

图8-40

枯木材质与普通的木材质有很大的区别，枯木是没有经过加工的木材，纹理比较多，反射比较少。

Step 01 在3ds Max中打开随书配套光盘中场景文件"枯木材质_初始.max"，选择树干模型，然后在［修改］选项卡下的［修改器列表］中选择［VR-置换模式］

修改器，添加一个置换，它上面这些非常细小的凹凸效果都是通过置换得到的，如图8-41所示。

图8-41

Step 02 设置[参数]栏下的各个属性值，如图8-42所示。

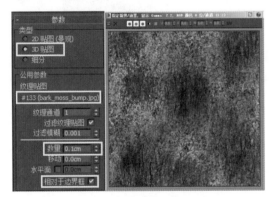

图8-42

Step 03 下面来设置枯木的材质部分，这是一个多维材质，有内外两个部分，因此分别为其赋予了ID1和ID2的材质，但是它们的参数都是大同小异的。

Step 04 按键盘上的M键，打开[材质编辑器]，选择一个材质球，并指定给花卉模型，在弹出的[材质/贴图浏览器]中选择[材质]中[标准]下的[多维/子对象]材质球，在弹出的[替换材质]面板中选择[丢弃材质]选项。

Step 05 随即进入[多维/子对象基本参数]窗口中，单击[设置数量]按钮，在弹出的窗口中将[材质数量]的值设置为2，如图8-43所示。

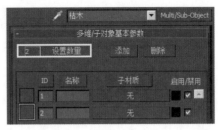

图8-43

Step 06 制作第一个材质。为[漫反射]添加一张贴图，如图8-44所示。

图8-44

Step 07 为[反射]赋予的是一张黑白贴图，如图8-45所示，通过黑白的颜色来区分哪里有反射，哪里没有反射，同时将[反射光泽度]的值设置为0.7，将[细分]的值设置为24。

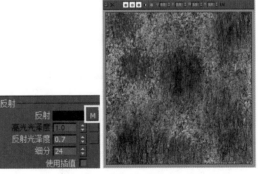

图8-45

Step 08 再为[贴图]卷展栏下的[凹凸]属性赋予一张黑白贴图，来制作凹凸效果，并将[凹凸]值设置为60，如图8-46所示。

图8-46

到这里，第一个材质设置完成。

Step 09 第二个材质与第一个材质的制作方法类似，只是通过ID1和ID2来区分模型不同的位置，如图8-47所示，这个模型并不是一起制作出来的，而是分别制作，然后合并在一起的，所以它的材质会变成一个多维材质。

图8-47

以上就是枯木材质的调节方法，最终的渲染效果如图8-48所示。

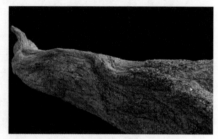

图8-48

8.9 树皮材质

树皮是树干外围的保护结构，即木材采伐或加工生产时能从树干上剥下来的材质。由内到外包括韧皮部、皮层和多次形成累积的周皮，以及木栓层以外的一切死组织，如图8-49所示。

图8-49

树皮并不是简单地通过普通的凹凸效果来实现的，而是通过真正的置换而实现的。

Step 01 在3ds Max中打开随书配套光盘中的场景文件"树皮材质_初始.max"，在场景中选择树干模型，然后在［修改］选项卡下的［修改器列表］中选择［VR-置换模式］修改器，添加一个置换，如图8-50所示。

图8-50

Step 02 在［参数］卷展栏下设置［类型］为［2D贴图（景观）］，然后在［纹理贴图］中为其添加一张贴图，同时设置［数量］的值为0.07cm，并勾选［相对于边界框］选项，如图8-51所示。

图8-51

Step 03 按M键，打开［材质编辑器］，选择一个材质球，并指定给场景中的树皮模型。

Step 04 单击 Standard 按钮，在弹出的［材质/贴图浏览器］中选择［材质］中［V-Ray］下的［VRayMtl］材质球，在弹出的［替换材质］面板中选择［丢弃旧材质］选项，进入［VRayMtl］参数面板。

Step 05 为［漫反射］添加一张贴图，如图8-52所示。

图8-52

对于这种树木，我们用肉眼几乎是观察不到反射效果的，因此［反射］栏中的所有参数均保持默认即可，如图8-53所示。

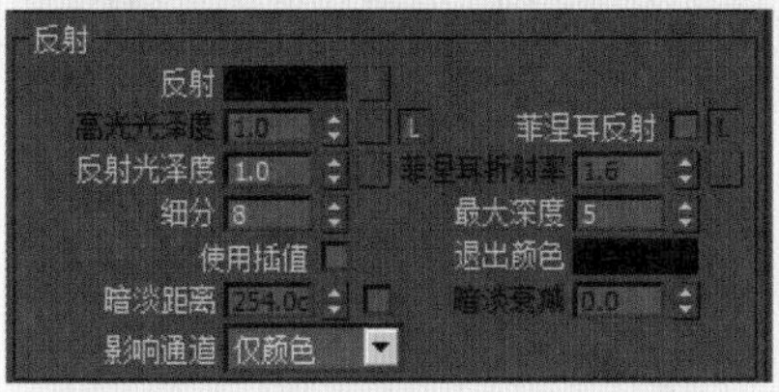

图8-53

Step 06 在［贴图］卷展栏中为［凹凸］属性添加一张凹凸贴图，如图8-54所示。

图8-54

它的凹凸效果就是通过VRay置换得到的。

以上就是树皮材质的调节方法，最终的渲染效果如图8-55所示。

图8-55

8.10 藤椅材质

藤椅是采用粗藤制成各种椅子架体，用藤皮、藤芯、藤条制成的各种椅子，有藤凳、藤圈椅和藤太师椅等，如图8-56所示。

图8-56

藤是非常结实的植物，而且它的形状可以改变，这是藤的特点。下面我们来学习藤材质的调节方法。

Step 01 在3ds Max中打开配套光盘中的场景文件"藤椅材质_初始.max"，按M键，打开［材质编辑器］，选择一个材质球，并指定给场景中的藤椅模型。

Step 02 单击 Standard 按钮，在弹出的［材质/贴图浏览器］中选择［材质］中［V-Ray］下的［VRayMtl］材质球，在弹出的［替换材质］面板中选择［丢弃旧材质］选项。

此时进入［VRayMtl］参数面板。

Step 03 打开［材质编辑器］窗口，为［漫反射］添加一张贴图，如图8-57所示。

图8-57

这个贴图实际上表现的只是一个普通的木纹材质，因为藤表面的本身的纹理非常细小。

Step 04 这里我们将［反射］值设置为70%，如图8-58所示。

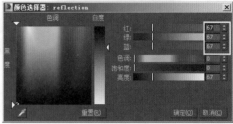

图8-58

Step 05 将［高光光泽度］的值设置为0.84，将［反射光泽度］的值设置为0.95，并勾选［菲涅耳反射］选项，如图8-59所示。

图8-59

由于这种藤椅是人为加工过的，所以藤表面的纹理已经被处理掉了，只留下了内部的结构，并且藤这样的材质是不具有凹凸效果的。

以上就是藤材质的调节方法，最终的渲染效果如图8-60所示。

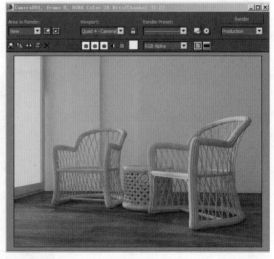

图8-60

第9章

绿植材质

9.1 针叶材质

针叶是裸子植物常见的叶子，横切面结构中针叶的最外层为表皮(Epidermis)，紧挨着的是一层皮下层(Hypodermis)。针叶表层细胞强木质化，表面有很厚的角质层，表皮上有稀疏的气孔器，且气孔器明显下陷，如图9-1所示。

图9-1

针叶材质经常用于室外表现中，主要体现在松树上，对于这样的材质来说，如果全是实体模型，那么这棵树的面数会非常多，所以针叶的表现一般是通过贴图来实现的。

下面讲解针叶材质的调节方法。

Step 01 在3ds Max中打开配套光盘中的场景文件"针叶材质_初始.max"，按M键，打开［材质编辑器］，选择一个材质球，并指定给场景中的针叶模型。

Step 02 单击 [Standard] 按钮，在弹出的 [材质/贴图浏览器] 中选择 [材质] 中 [V-Ray] 下的 [VRayMtl] 材质球，在弹出的 [替换材质] 面板中选择 [丢弃旧材质] 选项。

此时进入 [VRayMtl] 参数面板。

Step 03 在 [漫反射] 中添加一张绿色的贴图，这张贴图带有类似草坪的纹理，如图9-2所示。

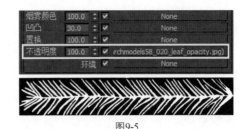

图9-5

Step 07 由于不需要有折射效果，因此将 [折射] 栏下的参数调至默认值即可，如图9-6所示。

Step 08 尽管这里我们调节了针叶材质的反射值，但是对于植物来说，建议大家在制作大面积树木的时候，不要调节反射值，完全通过漫反射贴图来控制就可以了，因为大量的植物会有大量的反射，从而导致渲染非常慢，如果计算机的性能不好，还是建议不要调节反射的值。因此将所有数值还原，如图9-7所示，在没有反射的情况下，通过贴图的颜色来对植物的颜色进行控制，这样会大大加快渲染速度。

图9-2

Step 04 将 [反射] 的RGB颜色值均设置为80，如图9-3所示。

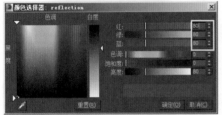

图9-3

Step 05 设置 [反射光泽度] 的值为0.75，设置 [细分] 的值为16，并勾选 [菲涅耳反射]，如图9-4所示。

图9-4

Step 06 在 [贴图] 卷展栏的 [不透明度] 中添加一张不透明贴图，如图9-5所示。通过这张不透明贴图来展现出它的样式，这也是调节针叶材质最重要的一点。

图9-6   图9-7

以上就是针叶材质的调节方法，最终的渲染效果如图9-8所示。

图9-8

9.2 阔叶材质

阔叶为常绿灌木，高达4米，根、茎为黄色，如图9-9所示。

图9-9

阔叶材质和针叶材质的性质相似，只是形状不同，由于其叶片面积比较大，所以一定要注重叶片上的纹理。

下面来学习阔叶材质的调节方法。

Step 01 在3ds Max中打开配套光盘中场景文件"阔叶材质_初始.max"，按M键，打开［材质编辑器］，选择一个材质球，并指定给场景中的叶子模型。

Step 02 单击 Standard 按钮，在弹出的［材质/贴图浏览器］中选择［材质］中［V-Ray］下的［VRayMtl］材质球，在弹出的［替换材质］面板中选择［丢弃旧材质］选项。

此时进入［VRayMtl］参数面板。

Step 03 在［漫反射］上添加一张贴图，如图9-10所示，从这张贴图中能够清晰地看到阔叶的叶脉。

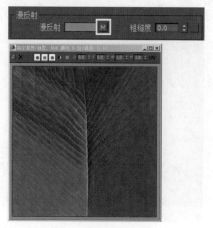

图9-10

Step 04 接着调节［反射］、［反射光泽度］、［细分］、［菲涅耳反射］的参数，如图9-11所示，这些参数与针叶材质的参数类似。

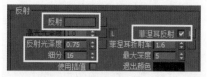

图9-11

Step 05 将［折射］值设置为0，将［光泽度］值设置为1，［细分］和［折射率］的值保持默认，如图9-12所示。

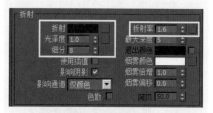

图9-12

Step 06 为物体增加一张半透明贴图，并将［类型］设置为［混合模型］，如图9-13所示。

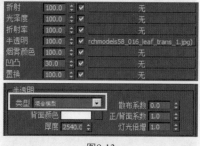

图9-13

Step 07 为背面颜色添加同样的贴图，如图9-14所示，通过这张贴图深浅部分的颜色来控制其半透明的部分。

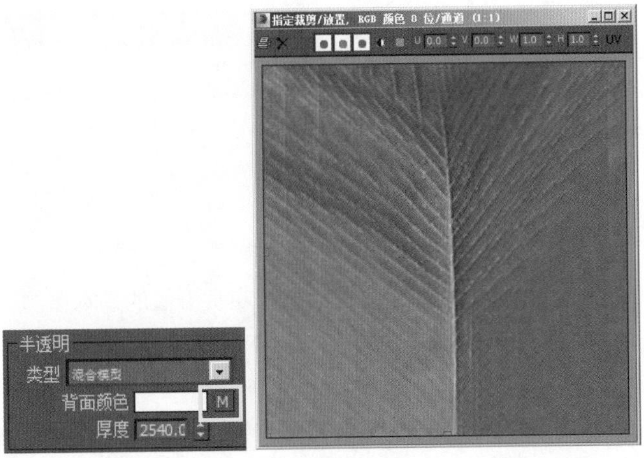

图9-14

Step 08 为不透明度属性添加一张贴图，通过这张黑白贴图来对其透明与不透明的部分进行处理，如图9-15所示。

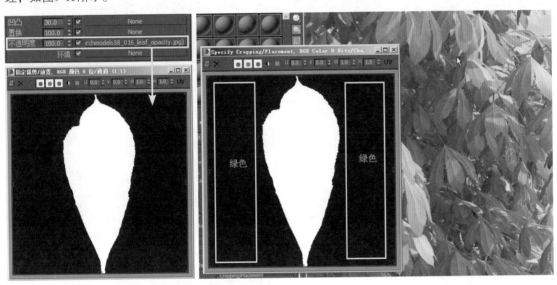

图9-15

最终的渲染效果如图9-16所示，白色的部分是这张贴图的样式，黑色的部分是完全透明的，看不到在这部分中的绿色。

图9-16

以上就是阔叶材质的调节方法。

9.3 花卉材质

花卉有广义和狭义两种意义：狭义的花卉是指具有观赏价值的草本植物，如君子兰、水仙、菊花、鸡冠花和仙人掌等；广义的花卉除有观赏价值的草本植物外，还包括草本或木本的地被植物、花灌木、开花乔木，以及盆景等，如图9-17所示。

图9-17

对于植物的材质来说，大多数都是通过一张贴图来控制的，有控制纹理的、有控制反射的、有控制凹凸的、还有控制不透明度的，且基本上都是用这几种材质来区分。

首先来了解一下花卉材质的材质球，花卉材质应该是一个多维材质，多维材质是指在赋予材质之后将多个物体进行焊接，形成一个物体。

Step 01 在3ds Max中打开配套光盘中的场景文件"花卉材质_初始"，按M键，打开［材质编辑器］，选择一个材质球，并指定给花卉模型。单击 Standard 按钮，在弹出的［材质/贴图浏览器］中选择［材质］中［标准］下的［多维/子对象］材质球。在弹出的［替换材质］面板中选择［丢弃材质］选项，如图9-18所示。

图9-18

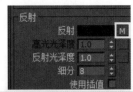

控制反射效果，白色的部分反射比较强，黑色的部分反射比较弱，让它在反射的过程中有一点变化。

图9-18（续）

Step 02 随即进入［多维/子对象基本参数］窗口中，单击［设置数量］按钮，在弹出的窗口中将［材质数量］的值设置为2，如图9-19所示。

图9-20

Step 05 在［漫反射］中添加一张图9-21所示的贴图。

图9-22

Step 07 在［反射光泽度］中添加的一张贴图，如图9-23所示，由于是存在于反射中，所以这个［反射光泽度］起到的作用是使有些地方变得模糊。

图9-19

Step 03 将ID1设置为叶片材质，将ID2设置为花卉材质，关于叶片材质，这里不做讲解，主要来讲解花卉材质的制作方法，也就是第2个材质。

Step 04 单击［ID］值为2的后面的［无］按钮，在弹出的窗口中双击［V-Ray］栏下的［VRayMtl］按钮，如图9-20所示。

图9-21

通过这个灰白色的贴图来控制花卉的颜色，上面有很多的纹理。

Step 06 在［反射］栏下的［反射］属性上添加一张黑白贴图，如图9-22所示，用于

图9-23

Step 08 在［半透明］栏下的［背面颜色］中添加一张与［漫反射］相同的贴图，可以通过黑、白、灰的颜色来对半透明进行控制，同时将类型设置为［混合模型］，如图9-24所示。

图9-24

Step 09 展开［贴图］卷展栏，为［凹凸］属性添加一张贴图，如图9-25所示，通过黑白灰的关系来对花瓣进行凹凸效果的处理。

图9-25

Step 10 为［不透明度］属性添加一张贴图，如图9-26所示。

图9-26

不透明度贴图是一张纯的黑白贴图，通过黑色和白色的对比将旁边的部分都作为透明来处理。

花卉材质总共使用了颜色贴图、凹凸贴图、光泽度贴图和透明贴图等几种贴图。

以上就是花卉材质的调节方法，最终的渲染效果如图9-27所示。

图9-27

9.4 竹子材质

竹子又称竹。有的低矮似草，有的高如大树，如图9-28所示。

图9-28

下面我们来设置竹子的材质。

Step 01 在3ds Max中打开配套光盘中场景文件"竹子材质_初始.max"，按M键，打开［材质编辑器］，选择一个材质球，并指定给场景中的竹子模型。

Step 02 单击 Standard 按钮，在弹出的［材质/贴图浏览器］中选择［材质］中［V-Ray］下的［VRayMtl］材质球，在弹出的［替换材质］面板中选择［丢弃旧材质］选项。

此时进入［VRayMtl］参数面板。

Step 03 在［漫反射］中添加一张贴图，如图9-29所示。

图9-29

Step 04 这里没有给物体UV，而是通过贴图重复的次数来控制每一个竹节的贴图，如图9-30所示。

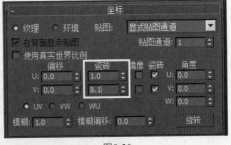

图9-30

当然这样是非常不精准的，如图9-31所示。

图9-31

但是在渲染的效果中可以看到并没有太大的区别，如图9-32所示。

图9-32

Step 05 对于竹子来说，它具有［反射］效果，它的表面和树皮是不一样的，它的表面非常光滑，具有比较高的高光反射效果，所以为［反射］添加一个衰减，通过衰减来控制每一个竹节渐变的变化，如图9-33所示。

对于其他材质，我们没有做任何调节，完全是通过贴图和反射来控制竹子材质的质感，包括叶子也是一样，读者可以看到竹子已经有了半透明的效果，如图9-34所示。

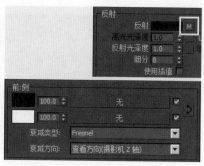

图9-33

图9-34

Step 06 另外在［折射］中还需将［折射光泽度］的值调节为0.4，就是通过这个数值来控制其半透明效果的，如图9-35所示。

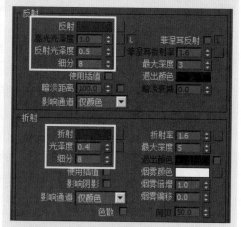

图9-35

以上就是竹子材质的调节方法，最终的渲染效果如图9-36所示。

图9-36

9.5 藤叶材质

藤叶与其他棕榈科植物最大的区别是它们多数为藤本，攀缘于其他植物上，虽然在表上藤的叶片与竹有点相像，但不论是叶脉还是茎的形态都是完全不同的，如图9-37所示。

图9-37

在场景中，我们为藤叶设置了一个比较近的镜头，以方便观察它的叶片，可见其材质有凹凸和高光的反射效果，如图9-38所示。

下面我们来学习调节藤叶材质的方法。

图9-38

Step 01 在3ds Max中打开配套光盘中场景文件"藤叶材质_初始.max"，按M键，打开［材质编辑器］，选择一个材质球，并指定给场景中的竹子模型。

Step 02 单击 Standard 按钮，在弹出的［材质/贴图浏览器］中选择［材质］中［V-Ray］下的［VRayMtl］材质球，在弹出的［替换材质］面板中选择［丢弃旧材质］选项。

此时进入［VRayMtl］参数面板。

Step 03 在［漫反射］中添加一张贴图，如图9-39所示。

图9-39

Step 04 将［反射］值设置为90%，同时勾选［菲涅耳反射］选项，如图9-40所示。

图9-40

Step 05 将［高光光泽度］的值设置为0.91，并且为其添加一张控制高光的贴图，颜色偏向于白色，这样可以很突出地显现出它的高光效果，如图9-41所示。

图9-41

Step 06 将［反射光泽度］的值设置为0.88，如图9-42所示。

提 示

［反射光泽度］属性用于控制模糊的反射效果。

Step 07 再添加一张凹凸贴图，如图9-43所示。

图9-42   图9-43

提 示

通过黑白灰贴图可以控制整个叶片的凹凸效果。

以上就是藤叶材质的调节方法，最终的渲染效果如图9-44所示。

图9-44

第10章

水果材质

10.1 苹果材质

首先观察苹果材质的效果，如图10-1所示。

图10-1

在本节中我们主要设置两种苹果的材质，一种是红苹果，一种是青苹果，如图10-2所示，两种苹果的参数都是一样的，只是贴图不同而已。

图10-2

下面讲解苹果材质的调节方法。

Step 01 在3ds Max中打开配套光盘中的场景文件"苹果材质_初始.max",按M键,打开[材质编辑器],选择一个材质球,并指定给场景中的苹果模型。

Step 02 单击 Standard 按钮,在弹出的[材质/贴图浏览器]中选择[材质]中[V-Ray]下的[VRayMtl]材质球,在弹出的[替换材质]面板中选择[丢弃旧材质]选项。

此时进入[VRayMtl]参数面板。

Step 03 以红色苹果的材质为例,在[漫反射]中添加了一张贴图,如图10-3所示。

图10-3

Step 04 对于[反射]我们设置了一个衰减效果,如图10-4所示。

图10-4

Step 05 将[高光光泽度]的值设置为0.73,将[反射光泽度]的值设置为0.87,将[细分]的值设置为6,如图10-5所示。

图10-5

Step 06 将[退出颜色]设置为偏绿色,如图10-6所示。

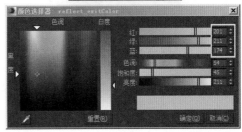

图10-6

退出颜色的给一个偏绿色,不要让红色的苹果看起来非常生硬,与旁边的青苹果连接不上。

Step 07 在[贴图]卷展栏下的[凹凸]属性中赋予一个烟雾贴图,如图10-7所示。

图10-7

 提示 ✓ 烟雾贴图主要用于控制凹凸效果,如图10-8所示。

图10-8

观察材质球上面的凹凸，凹凸纹理能够提高苹果材质的质感。

以上就是苹果材质的调节方法。

10.2 香蕉材质

首先来看香蕉材质的效果，如图10-9所示。

图10-9

香蕉材质一方面通过贴图来展现它的纹理，另一方面其表面也是具有一定的反射效果。

下面讲解香蕉材质的调节方法。

Step 01 在3ds Max中打开配套光盘中的场景文件"香蕉材质_初始.max"，按M键，打开［材质编辑器］，选择一个材质球，并指定给场景中的香蕉模型。

Step 02 单击 Standard 按钮，在弹出的［材质/贴图浏览器］中选择［材质］中［V-Ray］下的［VRayMtl］材质球，在弹出的［替换材质］面板中选择［丢弃旧材质］选项。

此时进入［VRayMtl］参数面板。

Step 03 在［漫反射］中加添加一张香蕉的贴图，如图10-10所示。

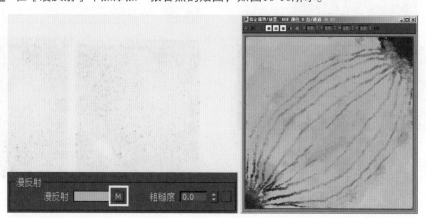

图10-10

Step 04 为［反射］也添加一个衰减效果，如图10-11所示。

图10-11

Step 05 将［反射光泽度］的值设置为0.84，并勾选［菲涅耳反射］属性，如图10-12所示。

图10-12

观察图10-13，发现香蕉的反射效果并不强，这是因为在场景中没有设置它的反光板。

图10-13

一个简单的环境并不能反射到丰富的内容，所以，设置的香蕉反射效果并不明显。另外，如果想做特写镜头，那么建议尽量找一个高精度的香蕉模型，当前的香蕉模型非常粗糙，不适合特写使用。

以上就是香蕉材质的调节方法。

10.3 香橙材质

香橙的材质效果如图10-14所示。

图10-14

在当前场景中有两种香橙，一种是没有切开的，一种是切开的。

下面讲解香橙材质的调节方法。

Step 01 在3ds Max中打开配套光盘中的场景文件"香橙材质_初始.max"，按M键，打开［材质编辑器］，选择一个材质球，并指定给场景中的香橙模型。

Step 02 单击 Standard 按钮，在弹出的［材质/贴图浏览器］中，选择［材质］中［V-Ray］下的［VRayMtl］材质球，在弹出的［替换材质］面板中选择［丢弃旧材质］选项。

此时进入［VRayMtl］参数面板。

Step 03 在［漫反射］中加添加一张香橙的贴图，如图10-15所示。

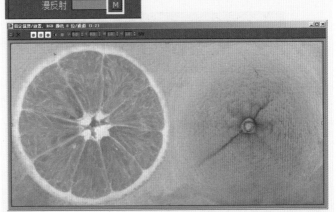

图10-15

Step 04 这是香橙内部的贴图，我们将［反射］颜色设

置为淡黄色，而且它的反射度比较高，同时勾选［菲涅耳反射］选项，如图10-16所示。

图10-16

Step 05 在［反射光泽度］中添加一张黑白贴图，如图10-17所示。

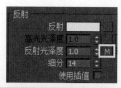

图10-17

用黑白的颜色来控制反射效果，可以使香橙果肉部分的颜色比较白，用这个颜色来控制反射度，可以使香橙中心部分显得更亮更有质感。

Step 06 另外，在［半透明］栏下要将［类型］设置为［混合模型］，同时为［背面颜色］添加一张贴图，如图10-18所示。

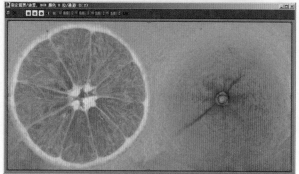

图10-18

Step 07 在［贴图］卷展栏下为［凹凸］属性也同样添加一个凹凸贴图，通过这张贴图来控制香橙表面和外部表皮的凹凸效果，如图10-19所示。

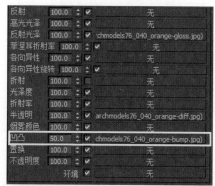

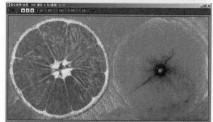

图10-19

以上就是被切开橙子的材质。

Step 08 下面我们来设置未切开的橙子材质。未切开的橙子的贴图非常简单，选择另一个材质球，在［漫反射］中添加了一张带有颗粒的表皮纹理，如图10-20所示。

图10-20

Step 09 为［反射］添加了一张黑白的颗粒纹理贴图，如图10-21所示。

张颗粒纹理贴图。为［颜色#2］连接一张噪波纹理，通过噪波来控制橙子整体的凹凸效果，凹凸强度设置得非常小，为8.4，如图10-24所示。

图10-21

图10-24

Step 13 通过混合将两者混合在一起，如图10-25所示。

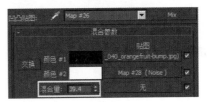

图10-25

以上就是香橙材质的调节方法。

反射贴图中，亮一些的部分具有［反射］，通过它能够得到高光以及反射的效果，深一点的部分反射较弱，反射效果也就较弱，橙子的反射效果就是通过这个贴图来控制的。

Step 10 接着勾选［选菲涅耳反射］属性，并设置［反射光泽度］为0.75，如图10-22所示。

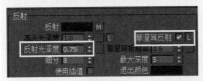

图10-22

Step 11 对于［凹凸］，为其设置一个混合材质，如图10-23所示。

图10-23

Step 12 为［颜色#1］连接一

10.4 草莓材质

草莓材质的效果如图10-26所示。

图10-26

对草莓材质影响最大的就是贴图，无论是里面还是外面，贴图都非常重要。

下面讲解草莓材质的调节方法。

Step 01 在3ds Max中打开配套光盘中的场景文件"草莓材质_初始.max"，按M键，打开［材质编辑器］，选择一个

145

材质球，并指定给场景中的草莓模型。

Step 02　单击 Standard 按钮，在弹出的［材质/贴图浏览器］中选择［材质］中［V-Ray］下的［VRayMtl］材质球。在弹出的［替换材质］面板中选择［丢弃旧材质］选项。

此时进入［VRayMtl］参数面板。

Step 03　为［漫反射］添加了一张草莓的贴图，如图10-27所示。

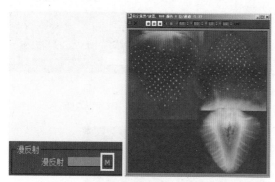

图10-27

Step 04　为［反射］增加了衰减效果，并且在它最亮的部分也增加了一张贴图，如图10-28所示。

可以看到，外面带籽的部分，显得更亮一些，包括草莓中心的部分，也让它产生更亮的高光。

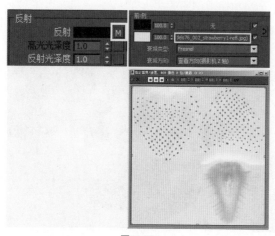

图10-28

Step 05　将［反射光泽度］的值设置为0.74，并在［半透明］中将［类型］设置为［硬（腊）模型］，将［背面颜色］设置为比较深的红色，让草莓颜色显得更红、更艳一些，如图10-29所示。

图10-29

在渲染的效果中，草莓表面的籽呈现出了真实的凹凸效果，如图10-30所示，这种凹凸效果是通过法线凹凸得到的。

图10-30

Step 06　在［贴图］卷展栏下的［凹凸］属性中添加一张法线贴图，［凹凸］值设置为4，如图10-31所示。这个贴图能够使物体得到一种真实的凹凸效果，并且渲染速度也很快。

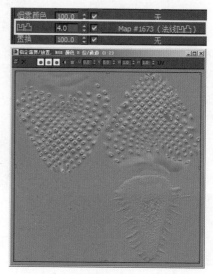

图10-31

以上就是草莓材质的调节方法。

10.5 西瓜材质

西瓜的材质效果如图10-32所示。

图10-32

西瓜的大部分材质也是通过贴图来实现的。

下面讲解西瓜材质的调节方法。

Step 01 在3ds Max中打开配套光盘中的场景文件"西瓜材质_初始.max",按M键,打开[材质编辑器],选择一个材质球,并指定给场景中的西瓜模型。

Step 02 单击 Standard 按钮,在弹出的[材质/贴图浏览器]中选择[材质]中[V-Ray]下的[VRayMtl]材质球,在弹出的[替换材质]面板中选择[丢弃旧材质]选项。

此时进入[VRayMtl]参数面板。

Step 03 在[漫反射]中添加如图10-33所示的一张贴图。

Step 04 为[反射]也添加一张黑白贴图,如图10-34所示。

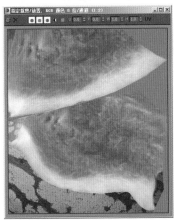

图10-33

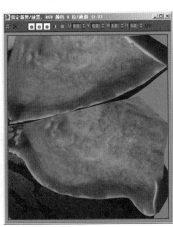

图10-34

Step 05 将[反射]栏下的[反射光泽度]的值设置为0.5,将[细分]值设置为1,将[折射]栏下的[光泽度]的值设置为0.3,将[细分]值设置为1,如图10-35所示。

将[细分]值设置为1,是为了表现出西瓜起沙的效果,如果将该值增大,那么这种起沙的颗粒感就没有了。

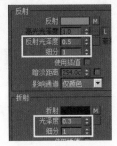

图10-35

Step 06 在[贴图]卷展栏下的[凹凸]属性中添加一张凹凸贴图,如图10-36所示,通过这个黑白灰的贴图来控制其凹凸的效果。

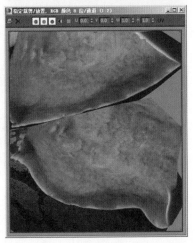

图10-36

以上就是西瓜材质的调节方法。

10.6 樱桃材质

樱桃的外表色泽鲜艳、晶莹美丽、红如玛瑙，黄如凝脂，如图10-37所示。

图10-37

本节将制作一种颜色红的发紫的樱桃。

Step 01 在3ds Max中打开配套光盘中的场景文件"樱桃材质_初始.max"，按M键，打开［材质编辑器］，选择一个材质球，并指定给樱桃模型。单击 Standard 按钮，在弹出的［材质/贴图浏览器］中选择［材质］中［标准］下的［多维/子对象］材质球，在弹出的［替换材质］面板中选择［丢弃材质］选项，如图10-38所示。

图10-38

Step 02 随即进入［多维/子对象基本参数］窗口中，单击［设置数量］按钮，在弹出的窗口中将［材质数量］的值设置为2，如图10-39所示。

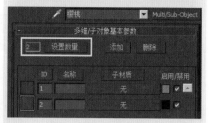

图10-39

以紫红色樱桃为例来调节樱桃的材质。

Step 03 单击［ID］值为1的后面的［无］按钮，在弹出的窗口中双击［V-Ray］栏下的［VRayMtl］按钮，如图10-40所示。

图10-40

Step 04 在［漫反射］中添加一张贴图，如图10-41所示。

漫反射

漫反射 [M] 粗糙度 0.0

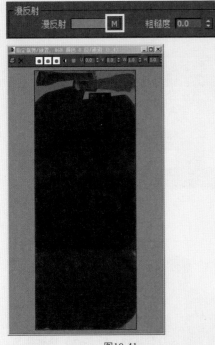

图10-41

Step 05 将 [反射] 值设置为100%，并勾选 [菲涅耳反射]，如图10-42所示。

图10-42

Step 06 在 [反射光泽度] 中添加一张贴图，如图10-43所示，用于表现樱桃被水打湿后，有的地方干，有的地方湿的效果。

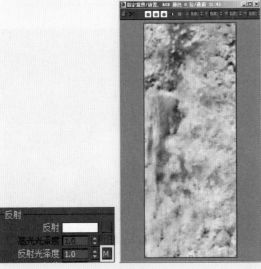

图10-43

图10-43（续）

Step 07 将 [菲涅耳反射率] 的值增大到1.8，如图10-44所示，让它的折射率大一些。

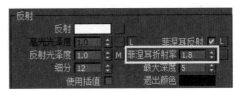

图10-44

Step 08 将 [折射] 值设置为14，将 [光泽度] 的值设置为0.8，将 [烟雾颜色] 设置为红色，使樱桃有一种泛红的感觉，如图10-45所示。

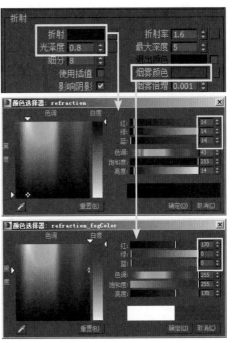

图10-45

Step 09 将［半透明］种的［类型］设置为［硬（腊）模型］，并将［背面颜色］设置为红色，如图10-46所示。

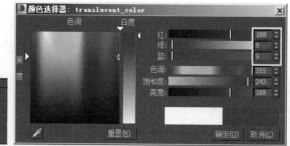

图10-46

到这里，紫红色樱桃的材质就设置完成了，偏红色的樱桃材质也是使用相同的方法进行设置，这里就不再赘述。

以上就是樱桃材质的调节方法，最终的渲染效果如图10-47所示。

图10-47

10.7 葡萄材质

葡萄材质的效果如图10-48所示。

葡萄的颜色有很多种，有绿色的、红色的、紫色的等，其实它们的详细参数都是一样的，只是贴图不同而已。

图10-48

下面来讲解葡萄材质的制作方法。

Step 01 在3ds Max中打开配套光盘中相应的场景文件"葡萄材质_初始"，按M键，打开[材质编辑器]，选择一个材质球，并指定给葡萄模型。单击 Standard 按钮，在弹出的[材质/贴图浏览器]中选择[材质]中[标准]下的[多维/子对象]材质球，在弹出的[替换材质]面板中选择[丢弃材质]选项。

Step 02 随即进入[多维/子对象基本参数]窗口中，单击[设置数量]按钮，在弹出的窗口中将[材质数量]的值设置为2，如图10-49所示。

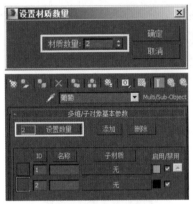

图10-49

提示　葡萄材质为多维材质，是由葡萄表皮和葡萄梗组成的。应首先调节葡萄表皮的材质。

单击[ID]值为1的后面的[无]按钮，在弹出的窗口中双击[V-Ray]栏下的[VRayMtl]按钮，进入[VRayMtl]参数面板，如图10-50所示。

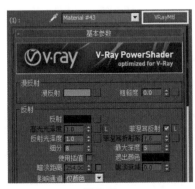

图10-50

Step 03 在[漫反射]中添加一张绿色的葡萄贴图，并将[漫反射]的颜色设置为绿色，如图10-51所示。

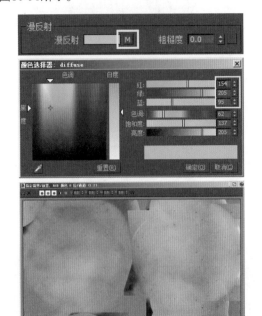

图10-51

Step 04 为[反射]添加一个衰减，基本参数均为默认即可，如图10-52所示。

图10-52

Step 05 将[反射光泽度]的值设置为0.89，将[细分]值设置为12，如图10-53所示。

图10-53

Step 06 由于葡萄是有半透明效果的，因此需要调节［折射］属性的颜色，并将［光泽度］的值设置为0.65，将［细分］值设置为30，同时勾选［影响阴影］属性，如图10-54所示。

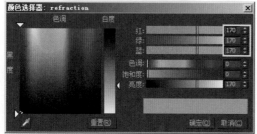

图10-54

> **提示**
>
> ［光泽度］属性会使葡萄变得非常模糊，这种模糊使我们看不到葡萄里面的东西；而［影响阴影］会使绿色的葡萄在它的阴影上通过光照透出一些绿色来，这就是［影响阴影］，如图10-55所示。

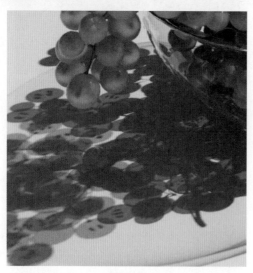

图10-55

Step 07 继续设置［烟雾颜色］属性，将其调节为偏黄的绿色，让它看起来不只是贴图中的绿色。因为单靠贴图的这种绿色是渲染不出来效果的，所以要在［烟雾颜色］中调节它的颜色，如图10-56所示。

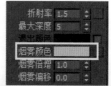

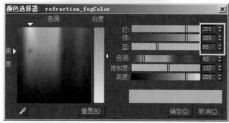

图10-56

Step 08 将［半透明］中的［类型］设置为［混合模型］，并调节［背面颜色］为黄色，如图10-57所示。

图10-57

Step 09 最后在［贴图］卷展栏中的［凹凸］属性中添加一个噪波，如图10-58所示。

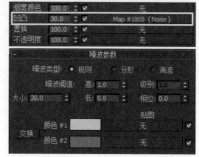

图10-58

噪波的作用就是让葡萄有一种轻微的凹凸效果，使它看起来并不是那么圆。

　　其他颜色的葡萄材质的调节方法完全相同，这里不再赘述。

　　以上就是葡萄材质的调节方法，最终的渲染效果如图10-59所示。

图10-59

10.8 猕猴桃材质

　　猕猴桃材质的效果如图10-60所示。

图10-60

　　在场景中有两种猕猴桃，一种是没被切开的，一种是切开的。

　　下面讲解猕猴桃材质的调节方法。

Step 01 在3ds Max中打开配套光盘中的场景文件"猕猴桃材质_初始.max"，按M键，打开〔材质编辑器〕，选择一个材质球，并将其指定给场景中的猕猴桃模型。

Step 02 单击 Standard 按钮，在弹出的［材质/贴图浏览器］中选择［材质］中［V-Ray］下的［VRayMtl］材质球，在弹出的［替换材质］面板中选择［丢弃旧材质］选项。

此时进入［VRayMtl］参数面板。

Step 03 设置未被切开的材质，也就是它的外表皮材质。在［漫反射］中添加［衰减］，在［衰减］的［前］和［侧］中分别添加贴图，通过这种衰减可以使猕猴桃看起来有毛绒绒的感觉，被光照之后有衰减的变化，这就是在［漫反射］中加入衰减的意义，然后通过贴图来实现它的纹理，如图10-61所示。

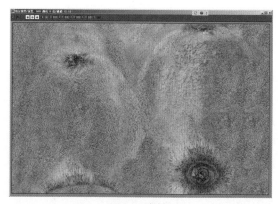

图10-61（续）

Step 04 关于反射，我们看到，这个［反射］的颜色并不是纯白色，而是带有颜色的，［反射］值大概为50%，如图10-62所示，它的高光区域不会呈现出纯白色，从而使其更接近于猕猴桃外表皮的颜色。

图10-62

Step 05 作为猕猴桃外表皮的反射，它本身是有一些毛发的，但是我们并没有使用毛发来制作它的外表皮，因为那样做会导致渲染速度变慢，且具有一定的模糊，所以我们将［反射光泽度］的值设置为0.59，将［细分］值设置为14，如图10-63所示。

Step 06 为［贴图］卷展栏中的［凹凸］属性添加一张凹凸贴图，通过这个凹凸贴图，来体现出毛发的凹凸效果，如图10-64所示。

图10-61

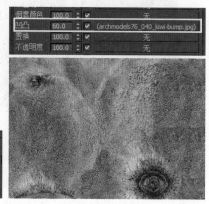

图10-63

图10-64

虽然在近距离观察效果时，由于精度不够，它显得不是特别真实，但是我们在做商业表现的时候，猕猴桃或其他水果和物体都是不会作为特写来表现的，而这种精度的好处是渲染非常快，所以还是可以接受的。

以上就是猕猴桃外表皮材质的调节方法。

接下来制作猕猴桃被切开以后，其内部的材质效果。

Step 07 选择一个新的材质球，然后在［漫反射］中添加如图10-65所示的一张贴图。

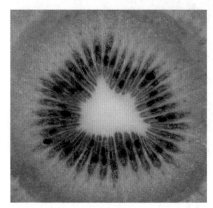

图10-65

Step 08 在［反射］中也添加如图10-66所示的一张黑白贴图，通过黑白贴图来区分其反射的强弱。

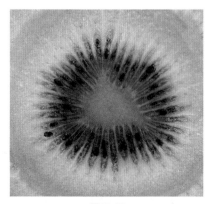

图10-66

Step 09 将［高光光泽度］的值设置为0.74，并勾选［菲涅耳反射］属性，然后将［退出颜色］设置为绿色，使其显得更绿一些，因为仅通过贴图是很难表现其真实效果的，如图10-67所示。

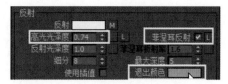

图10-67

Step 10 在［折射］中同样添加如图10-68所示的贴图，并将［光泽度］的值设置为0.91，将［烟雾颜色］也设置为与［退出颜色］相同的绿色，目的是让它显得更绿一些，如图10-68所示。

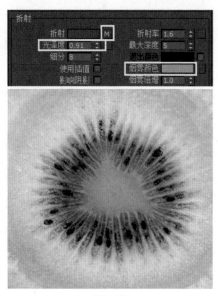

图10-68

Step 11 继续为［凹凸］属性添加一个法线贴图，如图10-69所示。通过这个法线凹凸来实现猕猴桃真正的凹凸效果。

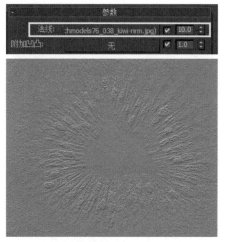

图10-69

以上就是猕猴桃内部材质的调节方法。

10.9 菠萝材质

菠萝材质的效果如图10-70所示。

图10-70

菠萝材质大部分是通过贴图来实现的，叶子和表皮是通过不同颜色的贴图来制作的，有绿色的、有偏黄色的等。对于菠萝材质来说，反射以及其他属性并不是重点，重点是贴图。

下面来讲解菠萝材质的制作方法。

Step 01 在3ds Max中打开配套光盘中的场景文件"菠萝材质_初始"，按M键，打开［材质编辑器］，选择一个材质球，并指定给菠萝模型。单击 Standard 按钮，在弹出的［材质/贴图浏览器］中选择［材质］中［标准］下的［多维/子对象］材质球，在弹出的［替换材质］面板中选择［丢弃旧材质］选项。

Step 02 随即进入［多维/子对象基本参数］窗口中，单击［设置数量］按钮，在弹出的窗口中将［材质数量］的值设置为3，如图10-71所示。

图10-71

提示 葡萄材质为多维材质，是由葡萄表皮和葡萄梗组成的。应首先调节葡萄表皮的材质。

单击［ID］值为1的后面的［无］按钮，在弹出的窗口中双击［V-Ray］栏下的［VRayMtl］按钮，进入［VRayMtl］参数面板，如图10-72所示。

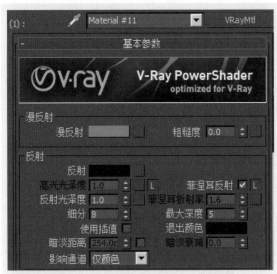

图10-72

Step 03 为［漫反射］属性添加一张贴图，如图10-73所示。

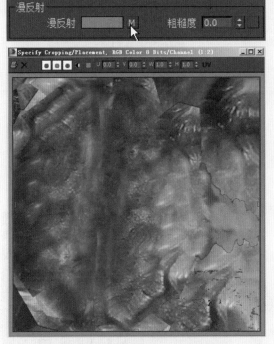

图10-73

Step 04 为［反射］属性添加一个黑白贴图，用于控制它的反射程度，同时勾选［菲涅耳反射］属性，并设置［反射光泽度］的值为0.95，如图10-74所示。

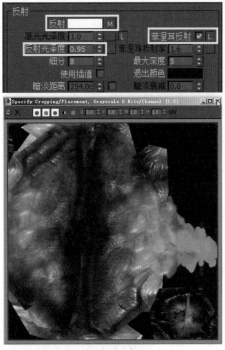

图10-74

Step 05 在［贴图］卷展栏下的［凹凸］属性中添加一张凹凸贴图，如图10-75所示，从而通过凹凸效果来表现菠萝表皮上面的非常细小的纹理。

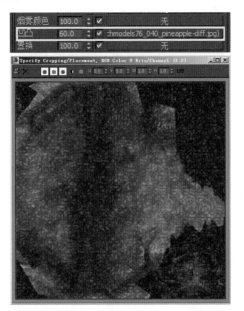

图10-75

到这里，第1个材质就设置完成了，读者可以用相同的方法设置第2个和第3个材质，这里不再赘述。

以上就是菠萝材质的调节方法，最终的渲染效果如图10-76所示。

图10-76

⑩ 10.10 玉米材质

玉米材质的效果如图10-77所示。可以看到，玉米的每一个颗粒的颜色都不同，主要有3种颜色，有深一点的，有中间色，也有浅一点的偏白色，这种不同颜色的组合可以使玉米看起来比较真实。

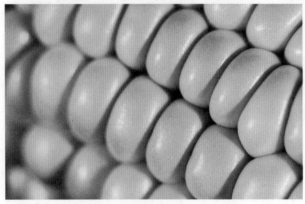

图10-77

玉米本身也是带有高光和反射的。下面我们来学习制作玉米材质的方法。

由于玉米有3种颜色，因此我们将使用多维材质来制作。

Step 01 在3ds Max中打开配套光盘中的场景文件"玉米材质_初始"，按M键，打开［材质编辑器］，选择一个材质球，并指定给玉米模型。单击 Standard 按钮，在弹出的［材质/贴图浏览器］中选择［材质］中［标准］下的［多维/子对象］材质球，在弹出的［替换材质］面板中选择［丢弃材质］选项，如图10-78所示。

图10-78

Step 02 随即进入［多维/子对象基本参数］窗口中，单击［设置数量］按钮，在弹出的窗口中将［材质数量］的值设置为3，如图10-79所示。

图10-79

首先设置ID1的材质。

Step 03 单击［ID］值为1的后面的［无］按钮，在弹出的窗口中双击［V-Ray］栏下的［VR-混合材质］按钮，如图10-80所示，即ID1使用的是VR-混合材质。

图10-80

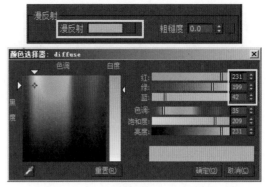

图10-82

Step 06 设置［反射］的颜色，并勾选［菲涅耳反射］属性，同时将［反射光泽度］0.79（因为玉米粒本身并不是像镜子一样的反射，而是有模糊效果的，所以要设置一定的反射光泽度），然后设置［细分］的值为13，如图10-83所示。

Step 04 单击［基本材质］后面的［无］按钮，在弹出的窗口中双击［V-Ray］栏下的［VRayMtl］按钮，如图10-81所示。

图10-81

Step 05 设置［漫反射］的颜色为黄色，如图10-82所示。

图10-83

Step 07 由于我们几乎是看不到玉米内部的，因此折射可以忽略不计，因此折射中的参数设置为默认即可，如图10-84所示。

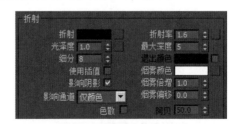

图10-84

Step 08 回到［VR-混合材质］面板，单击［镀膜材质］下的［无］按钮，如图10-85所示。

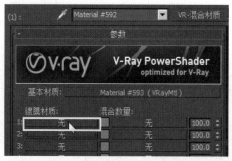

图10-85

Step 09 在弹出的窗口中双击［V-Ray］栏下的［VRayMtl］按钮，进入［VRayMtl］属性面板，设置［漫反射］的颜色，如图10-86所示，其他参数默认即可，不需要调节。

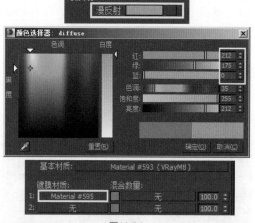

图10-86

提示 渡膜材质，即玉米粒的外表材质，它是黄颜色的，没有反射，它的反射全部都是通过基本材质来调节的。

接下来设置ID2的材质。

Step 10 在［Multi/Sub-Object］面板中单击［ID］值为2后面的［无］按钮，在弹出的窗口中双击［V-Ray］栏下的［VRayMtl］按钮，进入［VRayMtl］参数面板。

Step 11 设置［漫反射］的颜色为黄色，如图10-87所示。

图10-87

Step 12 设置［反射］的颜色，勾选［菲涅耳反射］属性，并将［反射光泽度］的值设置为0.79，将［细分］值设置为13，如图10-88所示。

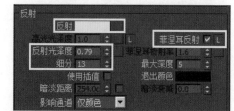

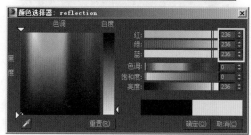

图10-88

［折射］参数无需调节，保持默认值即可。

Step 13 设置［半透明］栏下的［类型］为［硬（腊）模型］，设置［背面颜色］为黄色，如图10-89所示。

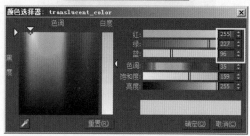

图10-89

ID3的材质与ID2的材质类似，这里不再赘述。

以上就是玉米材质的调节方法，最终的渲染效果如图10-90所示。

图10-90

第11章

流体材质

11.1 牛奶材质

牛奶材质的效果如图11-1所示。

图11-1

下面来设置牛奶材质的参数。

Step 01 在3ds Max中打开配套光盘中的场景文件"牛奶材质_初始.max",如图11-2所示,场景中有一个托盘、两块饼干和一杯牛奶(本案例的模型来自EV素材)。

Step 02 按M键,打

图11-2

开［材质编辑器］，选择一个材质球，并指定给场景中的牛奶模型。

Step 03 单击 Standard 按钮，在弹出的［材质/贴图浏览器］中选择［材质］中［V-Ray］下的［VR-快速SSS2］材质，如图11-3所示。

图11-3

此时进入［VR-快速SSS2］参数面板，如图11-4所示。

 提示 对于牛奶，我们主要使用VRAY的3S材质来制作。

图11-4

Step 04 3S材质是比较简单的，因为在［预设］中已经预设了很多比较常用的材质，例如牛奶材质、蕃茄酱、奶油和马铃薯等材质都可以直接在这里选择，如图11-5所示。

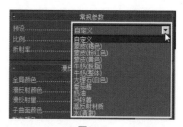

图11-5

这里我们选择［牛奶（整体）］选项，对于这样的材质来说，主要调节的参数在下面的［漫反射和子曲面散布层］卷展栏中。

Step 05 将［全局颜色］设置为白色；将［漫反射颜色］和［子曲面颜色］设置为浅黄色，并有一点点偏绿，如图11-6所示。

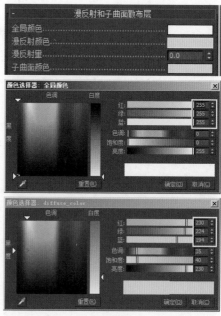

图11-6

 提示 ［漫反射颜色］和［子曲面颜色］用于控制牛奶的整体颜色。

Step 06 设置［散布颜色］，如图11-7所示。

图11-7

提 示 ✓ ［散布颜色］用于控制在物体转角处产生的一条黑色边缘，如图11-8所示。

Step 07 将［散布半径］的值设置为2，如图11-9所示，通过这个数值来控制散射的半径，数值越大，半径越大，颜色扩散的也就越大。

提 示 ✓ 如果觉得这样调节起来很麻烦，那么还可以在［预设］中直接选择［牛奶（脱脂）］或［牛奶（整体）］等其他的材质，使用默认参数也可以。

以上就是牛奶材质的调节方法，最终的渲染效果如图11-10所示。

图11-8

散布半径(厘米)·············· 2.0

图11-9

图11-10

11.2 咖啡材质

咖啡材质的效果如图11-11所示。

图11-11

Step 01 在3ds Max中打开配套光盘中的场景文件"咖啡材质_初始.max"，按M键，打开［材质编辑器］，选择一个材质球，并指定给场景中的咖啡模型。

咖啡材质并不是使用VRay的材质类型，而是使用3ds max标准的材质类型来制作。

Step 02 在［漫反射］中添加一张贴图，如图11-12所示。

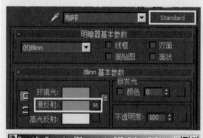

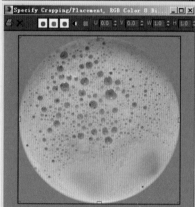

图11-12

Step 03 这张贴图已经很真实了，因此基本不需要调节任何其他参数，为了让它能够在其他角度下也能产生这种高光的效果，这里我们再调节一下［高光］和［光泽度］的参数，如图11-13所示。

图11-13

以上就是咖啡材质的设置方法，最终的渲染效果如图11-14所示。

图11-14

11.3 矿泉水材质

矿泉水材质的效果如图11-15所示。

图11-15

矿泉水是非常清澈的液体，没有任何杂质，尤其是在水面和瓶底的位置，需要达到非常清澈的感觉，如图11-16所示。

图11-16

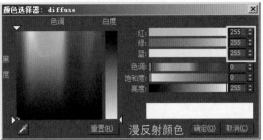

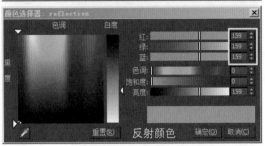

图11-17（续）

下面就来学习矿泉水材质的设置方法。

矿泉水材质是需要通过矿泉水瓶和水的材质相互配合来调节的。

Step 01 在3ds Max中打开配套光盘中的场景文件"矿泉水材质_初始.max"，按M键，打开［材质编辑器］，选择一个材质球，并指定给场景中的矿泉水瓶模型。

首先来设置矿泉水瓶的材质。

Step 02 单击 Standard 按钮，在弹出的［材质/贴图浏览器］中选择［材质］中［V-Ray］下的［VRayMtl］材质球，在弹出的［替换材质］面板中选择［丢弃旧材质］选项。

此时进入［VRayMtl］参数面板。

Step 03 设置［漫反射］的颜色为白色、［反射］为60%，并勾选［菲涅耳反射］，如图11-17所示。

图11-17

Step 04 设置［折射］的颜色为95%，并设置［折射率］的值为1.1，如图11-18所示。

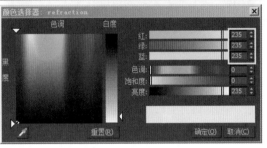

图11-18

> **提示** 矿泉水瓶的折射率不能太大，否则会影响到瓶内水的折射率。

到这里，矿泉水瓶的材质就调节完成了，下面调节水的材质。

Step 05 同样使用［V-Ray］下的［VRayMtl］材质球，首先将［漫反射］颜色设置为纯黑色，将［反射］设置为100%，并勾选［菲涅耳反射］，如图11-19所示。

图11-19

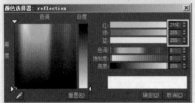

Step 06 设置［折射］的颜色为100%，［折射率］的值默认为1.6即可，如图11-20所示。

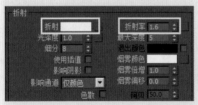

图11-20

水的材质调节完成。

Step 07 通过这两个材质的叠加，相互配合，在环境中加入一个HDR贴图，作为一个环境的反射，如图11-21所示。

提示 矿泉水瓶本身就是有凹凸感的，如图11-22所示，通过这种凹凸感，加上反射和折射等效果，就得到了最终的渲染效果。

 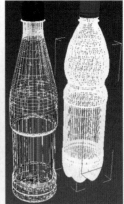

图11-21　　　　　　　图11-22

以上就是矿泉水材质的调节方法，最终的渲染效果如图11-23所示。

图11-23

11.4 浴池水材质

浴池水材质效果如图11-24所示。

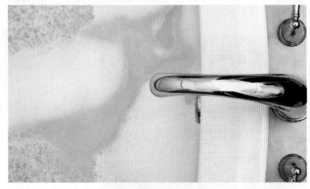

图11-24

浴池水材质的清澈程度其实与矿泉水差不多，在本案例中我们不要把浴池水表现得非常混浊，而是要将其表现得非常清澈干净，因此它与矿泉水材质的调节方法是类似的。但是作为浴池水来说，它是一种动态的效果，如图11-25所示的渲染图，浴池水的清澈、颜色，以及它的反射等都是浴池水的一个特性。

图11-25

下面就来学习浴池水材质的设置方法。

Step 01 在3ds Max中打开配套光盘中的场景文件"浴池水材质_初始.max"，如图11-26所示。

图11-26

Step 02 在［修改］面板中为其添加一个［噪波］，如图11-27所示，让它形成动态的效果。

图11-27

Step 03 按M键，打开［材质编辑器］，选择一个材质球，并指定给场景中的浴池水模型。

Step 04 单击 Standard 按钮，在弹出的［材质/贴图浏览器］中选择［材质］中［V-Ray］下的［VRayMtl］材质球，在弹出的［替换材质］面板中选择［丢弃旧材质］选项。

此时进入［VRayMtl］参数面板。

Step 05 将［漫反射］颜色设置为纯黑色，将［反射］设置到40%左右，如图11-28所示。

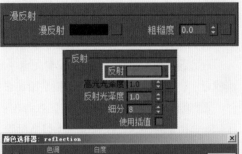

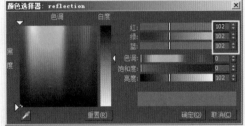

图11-28

Step 06 将［折射］设置为100%，并设置［折射率］的值为1.6，如图11-29所示。

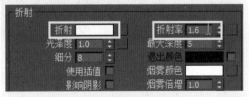

图11-29

以上就是浴池水材质的调节方法，最终的渲染效果如图11-30所示。

　　我们通过对模型进行噪波处理，再通过对材质的反射和折射的控制，就得到了现在的渲染效果。

图11-30

11.5 红酒材质

　　红酒的材质效果如图11-31所示。

　　下面就来学习红酒材质的设置方法。

　　Step 01 在3ds Max中打开配套光盘中的场景文件"红酒材质_初始.max"，按M键，打开［材质编辑器］，选择一个材质球，并指定给场景中的红酒模型。

　　Step 02 单击 Standard 按钮，在弹出的［材质/贴图浏览器］中选择［材质］中［V-Ray］下的［VRayMtl］材质球，在弹出的［替换材质］面板中选择［丢弃旧材质］选项。

　　此时进入［VRayMtl］参数面板。

　　Step 03 设置［漫反射］的颜色为深红色，如图11-32所示，颜色几乎是接近黑色的一个红色。

图11-31

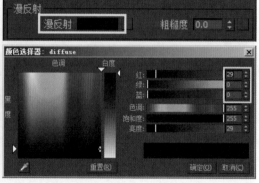

图11-32

　　Step 04 为［反射］添加衰减效果，并将［反射光泽度］的值设置为0.98（这个值非常高，基本上属于镜面反射的一种），将［细分］值设置为14，如图11-33所示。

图11-33

Step 05 调节［折射］的颜色为100%，［光泽度］的值为0.76、［细分］值为8、［烟雾颜色］为深红色，如图11-34所示，这里的重点是它的［烟雾颜色］，如果不调节［烟雾颜色］，那么在渲染时就看不到这么红的红酒颜色了。

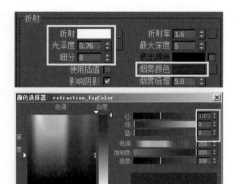

图11-34

以上就是红酒材质的调节方法，最终的渲染效果如图11-35所示。

图11-35

11.6 橙汁材质

橙汁材质其实与红酒、矿泉水等这样的液体材质有很多相似的地方，如图11-36所示，因为它本身也是一种液体，但是它要比其他液体更粘稠一些，基于这个特点，本节我们来学习调节橙汁材质的方法。

图11-36

Step 01 在3ds Max中打开配套光盘中的场景文件"橙汁材质_初始.max"，按M键，打开 [材质编辑器]，选择一个材质球，并指定给场景中的橙汁模型。

Step 02 单击 Standard 按钮，在弹出的 [材质/贴图浏览器] 中选择 [材质] 中 [V-Ray] 下的 [VRayMtl] 材质球，在弹出的 [替换材质] 面板中选择 [丢弃旧材质] 选项。

此时进入 [VRayMtl] 参数面板。

Step 03 将 [漫反射] 的颜色设置为橙黄色，这里颜色设置得比较深，如图11-37所示。

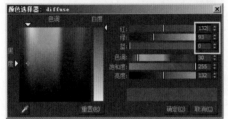

图11-37

 提示 考虑到最顶部会受到光照，如果把这个颜色设置得比较浅的话，受到光照的部分就会偏向于白色，从而显得不真实。

Step 04 为 [反射] 添加一个衰减效果，并将 [反射光泽度] 的值设置为0.76，如图11-38所示。

图11-38

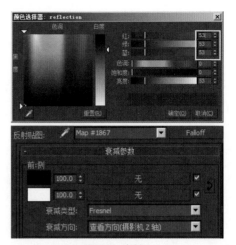

图11-38（续）

提示 设置 [反射光泽度] 的目的是使橙汁效果变得模糊一些，因为它比较粘稠，并不像矿泉水这种液体一样有很高的反射度，所以这个 [反射光泽度] 的值应设置得比较低。

Step 05 渲染当前效果，如图11-39所示，看到有很多颗粒，这些颗粒就是 [细分] 参数没有调大的原因。

图11-39

Step 06 包括 [折射] 中的细分也是一样，在折射中添加一个渐变的颜色，这是一个黑白颜色的渐变效果，如图11-40所示。

图11-40

要得到的并不是从左到右颜色上的渐变，而是边上比较透，中心比较实，或是边上比较实，中心比较透的效果，当然目前的这种效果不是那么明显，但如果没有这张贴图的话，这种效果也表现不出来。

Step 07 设置一点［烟雾颜色］，如图11-41所示。

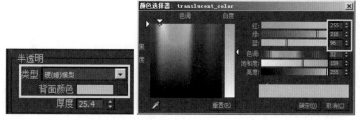

图11-41

Step 08 在［半透明］栏中将类型设置为［硬（蜡）模型］，将［背面颜色］设置为纯黄色，如图11-42所示。

图11-42

以上就是橙汁材质的调节方法，最终的渲染效果如图11-43所示，橙汁的顶部显现出了非常纯的颜色。

图11-43

第12章

VRay墙面材质

12.1 乳胶漆材质

本小节将讲解乳胶漆材质的制作方法。乳胶漆不仅防水、防潮而且颜色众多，在家装中的使用率非常频繁，并在室内渲染中占非常重要的地位，如图12-1所示。

图12-1

下面我们来学习乳胶漆材质的调节方法。

Step 01 在3ds Max中打开配套光盘中的场景文件"乳胶漆材质_start"，按M键，打开材质编辑器，选择一个材质球，并指定给墙面模型，单击 Standard 按钮，在弹出的［材质/贴图浏览器］中选择［VRayMtl］材质球。设置［漫反射］的RGB颜色值为（255、255、255）的白色，这样墙面的颜色就会是白色，如图12-2所示。

图12-2

Step 02 设置［反射］的RGB颜色值为（57、57、57），这样反射效果会非常小，勾选［菲涅耳反射］，并且设置［高光光泽度］为0.61，材质球效果如图12-3所示，最亮的部分没有产生明显的光点。

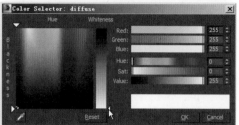

图12-3

Step 03 设置［反射光泽度］为0.94，这个属性是控制模糊的反射程度的，然后设置［细分］为30，如图12-4所示。

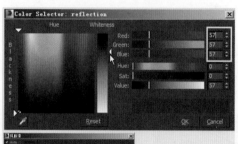

图12-4

Step 04 单击［渲染产品］按钮，效果如图12-5所示，隐约可以在这个墙面中看

到有一个窗口的反射效果，不仔细看是看不出来的，这就是乳胶漆的特性。

图12-5

Step 05 为了增加墙面的真实感，在［凹凸］属性上加入一张［噪波］贴图，并设置数值为1，如图12-6所示。

图12-6

这个噪波贴图模拟了墙面的凹凸不平的感觉，但如果想做的是一个非常干净整洁的墙面效果，那么这个凹凸就可以不用设置了。

单击渲染按钮，效果如图12-7所示。

图12-7

乳胶漆材质就制作完成了。

12.2 硅藻泥材质

本节将讲解硅藻泥材质。

硅藻泥材质大多是用在室外的墙面上，尤其是别墅类的墙面，现在也延伸到了室内，多数作为装饰墙来使用。硅藻泥的灵活性很大，没有固定的形态，可以刮得很平，也可以做出凹凸不平的效果，还也可以做成文化石的效果。它还比较防水，具有吸水的作用。本节就要制作凹凸不平的室内装饰墙的效果，如图12-8所示，下面我们就来学习调节它的方法。

图12-8

Step 01 在3ds Max中打开配套光盘中的场景文件"硅藻泥材质_start"，按M键，打开材质编辑器，选择一个材质球，并指定给造型墙模型，单击 Standard 按钮，在弹出的［材质/贴图浏览器］中选择［VRayMtl］材质球。设置［漫反射］的RGB颜色值为（255、255、255）的白色，这样造型墙面的颜色就会是白色，并为其添加一张贴图来模拟纹理（硅藻泥），如图12-9所示。

图12-9

Step 02 硅藻泥的反射比较小，设置［反射］的RGB颜色值为（57、57、57），如图12-10所示。

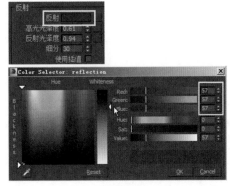

图12-10

Step 03 勾选［菲涅耳反射］属性，设置［高光光泽度］为0.61，让它不要产生非常强的光点，设置［反射光泽度］为0.94，这样就可以得到微弱的反射效果了，并设置［细分］值为30，材质球效果如图12-11所示。

图12-11

Step 04 设置凹凸属性，在这里我们加入了一张凹凸贴图（硅藻泥），并设置［数值］为18，如图12-12所示。

通过这样的贴图和基本的属性调节，就得到了的硅藻泥效果。

图12-12

12.3 壁纸材质

本节将讲解壁纸材质的制作方法。

壁纸的分类非常多，包括覆膜壁纸、涂布壁纸和压花壁纸等，因为具有一定的强度、美观的外表和良好的抗水性能，广泛用于住宅、办公室、宾馆和酒店的室内装修中，如图12-13所示。

选用一个普通的壁纸，通过一张贴图来制作壁纸效果比较简单。本节我们将制作一个比较复杂的效果，就是在整张壁纸上要有反射的区域和不反射的区域，效果如图12-14所示。

图12-13

图12-14

Step 01 在3ds Max中打开配套光盘中的场景文件"壁纸材质_start"，按M键，打开材质编辑器，选择一个材质球，并指定给造型墙模型，单击 Standard 按钮，在弹出的［材质/贴图浏览器］中选择［材质］中［标准］下的［混合］材质球。在弹出的［替换材质］面板中选择［丢弃旧材质］选项，如图12-15所示。

图12-15

Step 02 单击［材质1］后面的按钮，进入基本材质球，再单击 Standard 按钮，在弹出的［材质/贴图浏览器］面板中选择［VRay］的［VRayMtl］材质球，如图12-16所示。

Step 03 第一个材质中我们选择的是使用VRay类型的材质，并在［漫反射］中加入了一张贴图，如图12-17所示。

个材质。

图12-16

图12-19

图12-17

Step 06 再次单击 [转到父对象] 按钮，返回到 [Blend] 面板，为 [遮罩] 指定一张黑白贴图，如图12-20所示。

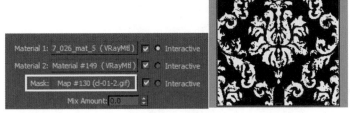

图12-20

Step 04 单击 [转到父对象] 按钮，返回到 [Blend] 面板，单击 [材质2] 后面的按钮，同样为其指定一个 [VRayMtl] 材质球，也为 [漫反射] 属性加入一张贴图，如图12-18所示。

渲染效果如图12-21所示。

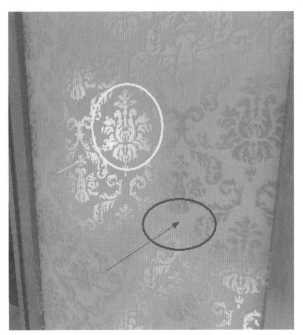

图12-18

图12-21

Step 05 下面设置它的反射，首先设置 [反射] 的RGB颜色值为（143、127、92），设置 [反射光泽度] 为0.85，[细分] 保持默认，如图12-19所示，这就是第二

通过这个黑白贴图来区分一号材质和二号材质。一号材质是没有反射的，在红色圈里没有反射的部分都是一号材质，二号材质是带有反射的，黄色圈里有反光的部分，都是二号材质的效果。

12.4 墙布材质

本节将讲解墙布材质的调节方法。墙布材质表面纺织材料，有平织布面、提花布面和无纺布面等，触感柔和、吸音、透气，是效果图中常出现的材质。

制作这个材质非常简单，因为它没有反射，所以仅仅通过一张贴图和一张凹凸贴图就可以做到这个效果，如图12-22所示。

图12-22

Step 01 在3ds Max中打开配套光盘中的场景文件"墙布材质_start"，按M键，打开材质编辑器，选择一个材质球，并指定给墙面模型，单击 Standard 按钮，在弹出的［材质/贴图浏览器］面板中选择［VRay］中的［VRayMtl］材质球，为［漫反射］加入了一张贴图，如图12-23所示。

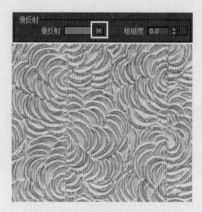

图12-23

这张贴图本身是带有反射效果的，大家可以看到在凹凸起伏的地方，感觉是带有反射效果的。

Step 02 在［贴图］卷展栏中为［凹凸］属性添加一张黑白贴图，如图12-24所示。用这张黑白贴图来控制它的凹凸效果。

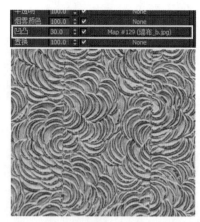

图12-24

Step 03 如果想让这个墙布材质带有一定的反射效果，仅需要复制这个墙布黑白贴图，粘贴到［反射］属性中，并将［反射］的RGB颜色值设置为（255、255、255）的白色，如图12-25所示。

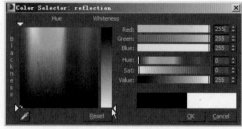

图12-25

Step 04 单击渲染按钮，效果如图12-26所示，这样墙布材质就制作完成了。

图12-26

12.5 浮雕墙材质

浮雕是雕塑与绘画结合的产物，用压缩的办法来处理对象，靠透视等因素来表现三维空间，并只供一面或两面观看。

本节将制作浮雕墙的效果，浮雕墙呈现出真正的三维凹凸的浮雕效果，并不是通过简单的凹凸得到的，效果如图12-27所示。

图12-27

Step 01 在3ds Max中打开配套光盘中的场景文件"浮雕墙材质_start"，按M键，打开材质编辑器，选择一个材质球，并指定给墙面模型，单击 Standard 按钮，在弹出的［材质/贴图浏览器］面板中选择［VRay］中的［VRayMtl］材质球，如图12-28所示。

图12-28

 提示

这个物体本身就是一个BOX，在它和长宽上我们分别加了很多的段数，段数很多就是为了让这个物体能够产生非常细腻的凹凸效果。

Step 02 为［漫反射］设置了一个颜色，如图12-29所示，其他参数使用默认属性。

图12-29

Step 03 在［贴图］卷展栏中，找到［置换］属性，为其添加一张浮雕的贴图，并设置数值为5，如图12-30所示。

图12-30

将一张带有黑白灰的贴图，添加到［置换］属性上。

Step 04 单击渲染按钮，效果如图12-31所示。

图12-31

观察发现渲染效果不够明显，下面为模型添加一个［置换］修改器，来加强浮雕效果。

Step 05 选择墙面模型，在［修改］面板中，为其添加一个［置换］修改器，设置［强度］数值为1.442，在贴图上添加一张贴图（浮雕_b），如图12-32所示。

3ds Max&VRay 室内材质表现白金手册

图12-32

在这个物体上添加一个置换修改器，这个置换是3ds Max默认自带的，并不是VRay的置换，我们在它的贴图中加入这张浮雕的黑白贴图。

通过渲染就得到了一个真实的三维浮雕墙面，如图12-33所示。

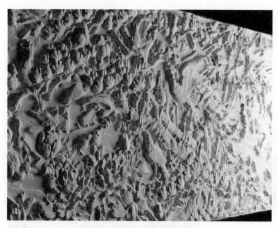

图12-33

12.6 软包材质

本节讲解一个绒布软包材质，如图12-34所示。

软包所使用的材料质地柔软，色彩柔和，能够柔化整体空间氛围，其纵深的立体感还能提升家居档次。

图12-34

Step 01 在3ds Max中打开配套光盘中的场景文件"软包材质_start"，按M键，打开材质编辑器，选择一个材质球，并指定给墙面模型。使用3ds Max的标准材质类型，在［漫反射］属性上添加了一张贴图，并只截取图片的一部分，如图12-35所示。

图12-35

Step 02 ［高光级别］和［光泽度］设置得很低，分别为11和10，如图12-36所示。

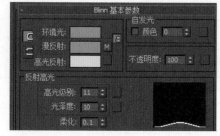

图12-36

Step 03 在［贴图］卷展栏中，复制［漫反射颜色］后面的贴图，粘贴到［凹凸］属性上，并设置数值为30，如图12-37所示。

图12-37

制作软包材质的方法非常简单，基本上是通过贴图来制作出它的效果的。

这里没有为软包材质添加反射，如果想要为其添加反射，需要将贴图换为黑白的，通过暗色和亮色的对比让反射自动区分，从而达到反射效果。

第13章

室内其他材质

13.1 面包材质

本节将讲解面包材质的制作方法。面包是一种用五谷（一般是麦类）磨粉，然后发酵后加热而制成的食品，所以面包的表面能形成特殊的纹理，如图13-1所示。

图13-1

在3ds Max里制作面包材质主要是靠贴图。

Step 01 在3ds Max中打开配套光盘中的场景文件"面包材质_start"，按M键，打开材质编辑器，选择一个材质球，并指定给面包模型，单击 Standard 按钮，在弹出的［材质/贴图浏览器］中选择［VRayMtl］材质球。在［漫反射］中加入一张贴图（archmodels76_028_bread-roll-diff），如图13-2所示。

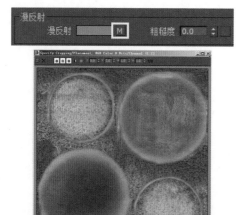

图13-2

Step 02 设置［反射］的RGB颜色值为（166、158、133），勾选［菲涅耳反射］，设置［反射光泽度］为0.68、［细分］为10，如图13-3所示。

图13-3

Step 03 单击［渲染产品］按钮，观察渲染图像，发现它表面上并没有任何的反射效果，如图13-4所示。

图13-4

 提 示

菲涅耳反射和反射光泽度的参数是相互抵消的。如果把反射光泽度还原为1，勾掉菲涅耳反射的话，那么这个面包表面的反射会非常强，像镜子一样。

Step 04 调整了折射，设置［折射］的RGB颜色值为（30、30、30），设置［折射光泽度］为0.6、［细分］为14，如图13-5所示。

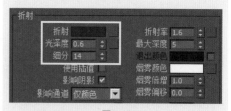

图13-5

Step 05 设置在半透明中的类型为［硬（蜡）模型］，背面的RGB颜色值为（245、245、215）的浅黄色。在这里面我们为［背景颜色］也加入了一张贴图，即为［漫反射］属性添加的贴图，如图13-6所示。

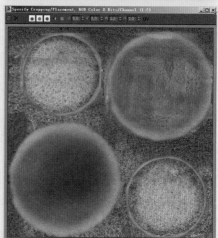

图13-6

Step 06 找到［贴图］卷展栏，在最下边的［凹凸］属性上加入一张凹凸贴图，这是一个法线凹凸，并设置［凹凸］数值为40，如图13-7所示。

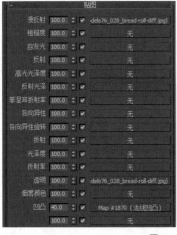

图13-7

通过这个法线凹凸得到真实的凹凸效果。

Step 07 单击［渲染产品］按钮，得到的效果如图13-8所示，这就是面包材质的制作方法。

图13-8

13.2 冰激凌材质

本节将讲解冰激凌的制作方法，制作之前先了解一下冰激凌的特点及属性。冰激凌是以饮用水、牛奶、奶粉、奶油（或植物油脂）、食糖等为主要原料，加入适量食品添加剂，经混合、灭菌、均质、老化、凝冻、硬化等工艺而制成的体积膨胀的冷冻食品，口感细腻、柔滑、清凉。冰激凌是一种固体，但是这种固体会融化，并且会有一定的反射。当它凝固成固体的时候，表面会有一定的纹理，如一些凹凸，凹凸的表面也会有一些反射的效果。

Step 01 在3ds Max中打开配套光盘中的场景文件"冰激凌材质_start"，按M键，打开材质编辑器，选择一个材质球，并指定给面包模型，单击 Standard 按钮，在弹出的［材质/贴图浏览器］中选择［V-Ray］中的［VRayMtl］材质球，如图所示。在［漫反射］中加入一张贴图（archmodels76_011_ice-cream-diff），如图13-9所示。

图13-9

Step 02 单击［渲染产品］按钮，渲染出效果图，贴图黄色的部分和棕色的部分分别对应效果的位置，如图13-10所示。

图13-10

Step 03 为［反射］加入一个［衰减］贴图。在它最亮的部分增加一张贴图，设置［衰减类型］为［Fresnel］，如图13-11所示。

图13-11

Step 04 单击［转到父对］按钮，回到材质球的［基本参数］卷专栏中，调整反射属性，设置它的［反射光泽度］为0.91、［细分］为8，如图13-12所示。

图13-12

Step 05 设置［半透明］的［类型］为［硬（蜡）模型］，背面RGB颜色值为（143、111、61）的黄色，有点接近于咖啡球的颜色，如图13-13所示。

图13-13

Step 06 在［贴图］卷展栏中为［凹凸］属性添加一个贴图，通过这个黑白的贴图来表现它表面凹凸的感觉，如图13-14所示。

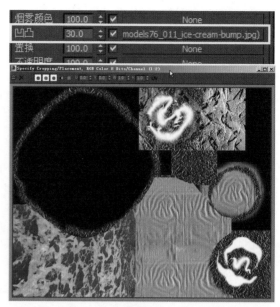

图13-14

Step 07 单击渲染按钮，完成的效果如图13-15所示。

图13-15

至此，冰激凌材质就制作完成了。

13.3 塑料材质

本节主要讲解塑料的制作方法，完成的效果如图13-16所示，塑料的主要成分是树脂。有些塑料基本上是由合成树脂所组成，不含或含少量添加剂，如有机玻璃和聚苯乙烯等。

本节要制作一个游戏机的手柄，如图13-16所示，我们希望他的塑料质感强一些，所以要有高光和凹凸纹理。

Step 01 在3ds Max中打开配套光盘中的场景文件"塑料材质_start",按M键,打开材质编辑器,选择一个材质球,并指定给面包模型,单击 Standard 按钮,在弹出的［材质/贴图浏览器］中选择［V-Ray］中的［VRayMtl］材质球。

Step 02 塑料材质的制作方法其实是相对简单的。设置［漫反射］的RGB颜色值为（30、30、30）,如图13-17所示。

Step 03 它也具有反射,那么设置［反射］的中RGB颜色值为（134、134、134）,并勾选［菲涅耳反射］,反射并不是很强烈,设置［反射光泽

图13-16

度］为0.7、［菲涅耳折射率］为2。由于反射光泽度设置得很低,在渲染的时候一定会产生非常多的颗粒,所以要将［细分］设置为24,如图13-18所示。

图13-17

图13-18

Step 04 在［贴图］卷展栏的［凹凸］属性中添加一个贴图,如图13-19所示。

图13-19

以上就是塑料材质的制作方法。

13.4 钢琴漆材质

本节制作钢琴的材质。钢琴的表面是一种漆材质,所以反射非常强,表面上就像是覆盖了一层黑镜子一样,但是它的反射又没有镜子强,我们能够在它的面板上看到反射物体的影子,但是却又看不清,达不到镜子那么强的反射效果。

Step 01 在3ds Max中打开配套光盘中的场景文件"钢琴漆材质_start",按M键,打开材质编辑器,选择一个材质球,并指定给钢琴模型,单击 Standard 按钮,在弹出的［材质/贴图浏览器］中选择［V-Ray］中的［VRayMtl］材质球。

Step 02 下面调节一下材质球的参数。无论是黑色还是白色,其实它的材质都是一样,设置［漫反射］的RGB颜色值为（8、8、8）,如图13-20所示。

图13-20

Step **03** 设置［反射］的RGB颜色值为（193、193、193），并且勾选［菲涅耳反射］选项，设置［高光光泽度］为0.71、［反射光泽度］为0.95、［细分］值为16，如图13-21所示。

图13-21

Step **04** 钢琴漆没有凹凸效果，也没有其他特别的属性，完全可以通过高光，以及反射度来控制，单击［渲染产品］按钮，效果如图13-22所示。

图13-22

钢琴漆材质就制作完成了。

13.5 火焰材质

本节将讲解火焰材质的制作方法。现实中火焰如图13-23所示。

图13-23

Step **01** 在3ds Max中打开配套光盘中的场景文件"火焰材质_start"，观察场景中的模型，火焰是由燃烧后堆积在地面上的灰烬、火苗和木头组成，我们需要制作前两个模型的材质。火焰材质是通过贴图和是灯光辅助照明来实现的效果。

Step **02** 按M键，打开材质编辑器，选择一个材质球，并指定给灰烬模型，单击 Standard 按钮，在弹出的［材质/贴图浏览器］中选择［V-Ray］中的［VRayLightMtl］材质球。燃烧后堆积在地面上的灰烬，使用的是VRay的灯光材质制作的，如图13-24所示。

图13-24

Step **03** 为颜色添加一张贴图（AM97_045_color_05），并设置［颜色］的RGB颜色值为（255、99、50）的橘红色，［强度值］为1.1，然后为［不透明度］添加一个黑白贴图（AM97_045_opacity_01），如图13-25所示。

图13-25

这样灰烬的材质就调节完成了，下面调节火苗的材质。

Step 04 选择一个材质球，并指定给火苗的两个面片，单击 Standard 按钮，在弹出的［材质/贴图浏览器］中选择［V-Ray］中的［VRayLightMtl］材质球，火焰材质同样也使用VRay的灯光材质，设置［颜色］的RGB值为（255、218、139）的黄色，［强度值］为5.25。为［颜色］添加一张贴图（火焰），为［不透明度］添加一个黑白贴图（火焰_b），勾选［背面发光］属性，如图13-26所示。

图13-26

若不勾选［背面发光］属性，背面的效果我们是看不到的，如图13-27所示。

图13-27

Step 05 这种火苗本身在场景中是达不到我们需要的亮度的，所以要在场景中创建一个VRay灯光，在创建面板中选择灯光中的VRay，单击［VRayLight］按钮，在场景中创建两盏VRayLight，分别调整大小，放置到火堆的位置上，如图13-28所示。

图13-28

Step 06 进入VRayLight的修改面板中，设置上面的灯的［倍增值］为7，［颜色］的RGB值为（252、157、34）的黄色。勾选［选项］中的［不可见］属性，这样在渲染的时候就会看不到这个灯体，设置其［细分］值为16，如图13-29所示。

图13-29

Step 07 设置下面的灯的［倍增值］为5，［颜色］的RGB值为（196、38、40）的红色。勾选［选项］中的［不可见］属性，设置［细分］值为16，如图13-30所示。

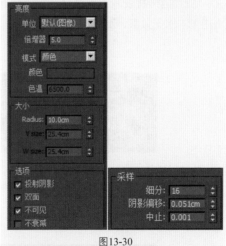

图13-30

这样火焰的材质就制作完成了。

13.6 X光材质

本节将讲解X光射线的效果，如图13-31所示。现实中X光射线具有很高的穿透性，能透过许多对可见光不透明的物质，这种肉眼看不见的射线可以使很多固体材料发生可见的荧光，使照相底片发生感光以及空气电离等效应。

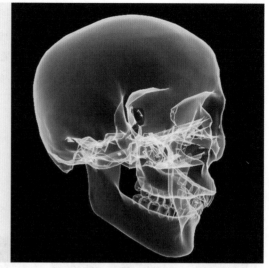

图13-31

Step 01 在3ds Max中打开配套光盘中的场景文件"X光材质_start"，按M键，打开材质编辑器，选择一个材质球，并指定给灰烬模型，单击 Standard 按钮，在弹出的［材质/贴图浏览器］中选择［V-Ray］中的［VRayMtl］材质球，如图13-32所示。

Step 02 X光材质不需要调节［漫反射］、［反射］和［折射］。重点在于［自发光］的属性，为［自发光］添加一张衰减贴图，设置［倍增］值为7，如图13-33所示。

图13-32　　　　　　　　　　　　　　　　　图13-33

Step 03 将衰减中原来白色的部分，改成RGB颜色值为（37、120、214）的蓝色，这个蓝色就是在模拟X光效果，如图13-34所示。

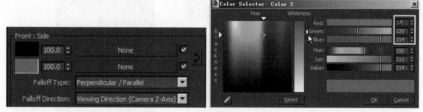

图13-34

Step 04 在［贴图］卷展栏中，也为［不透明度］增加一个［衰减］贴图，如图13-35所示。

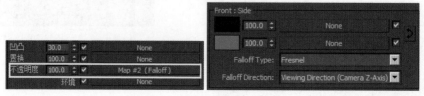

图13-35

这个衰减是控制什么的呢。我们看一下它的材质球，如图13-36所示，这个衰减控制的是中心的透明度，上面黑色的部分是中心的部分，并且从四周越往中心越透明。

通过自发光和不透明度的控制，在渲染的时候就得到这样的效果。

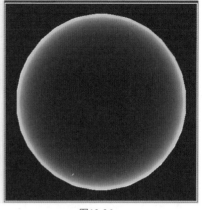

图13-36

13.7 电视屏幕材质

本节将制作电视屏幕材质。电视屏幕材质有两种，一种就是纯玻璃面的，它的反射效果非常的清晰，另一种是常见的带有模糊反射的屏幕。本小节要调节的是一个带有模糊反射的屏幕，完成的效果如图13-37所示。

Step 01 在3ds Max中打开配套光盘中的场景文件"电视屏幕材质_start"，按M键，打开材质编辑器，选择一个材质球，并指定给电视机显示屏模型，单击 Standard 按钮，在弹出的［材质/贴图浏览器］中选择［V-Ray］中的［VRayMtl］材质球。设置［漫反射］的RGB颜色值为（2、2、2），如图13-38所示。

图13-37

图13-38

Step 02 设置［反射］的颜色为白色，也就是100%的反射，勾选［菲涅耳反射］选项。将［反射光泽度］设置为0.97，［细分］为8，如图13-39所示。

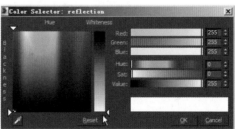

图13-39

这样电视屏幕材质就调节完成了。

13.8 灯箱材质

　　本节将讲解灯箱材质的制作方法。日常生活中看到的灯箱一般要用灯片，最好是PC板，此材料耐高温可达145°，耐低温达-45°。里面一般都用日光灯照出，这样从外面看就会非常漂亮，如图13-40所示。

图13-40

Step 01　打开场景文件"灯箱_start"，在这个场景中创建了一个长方体，在长方体中设置了一列VRay的灯光，用来模拟灯箱里面的灯管，如图13-41所示。

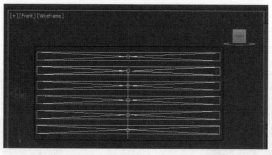

图13-41

Step 02　按M键，打开材质编辑器，选择一个材质球，并指定给电视机显示屏模型，单击 Standard 按钮，在弹出的［材质/贴图浏览器］中选择［V-Ray］中的［VRayMtl］材质球。设置［漫反射］的RGB颜色值为（23、23、23），并为［漫反射］属性添加一张贴图（广告牌），如图13-42所示。

图13-42

Step 03　在［折射］中，灯箱本身是一个半透的材质，所以在折射中设置一个比较低的数值，让它有一点半透的效果就可以了。设置［折射］的RGB颜色值为（18、18、18）、［光泽度］为0.55、［细分］为50，如图13-43所示。

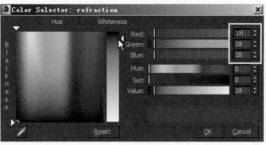

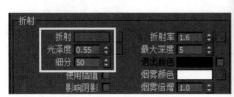

图13-43

配合灯光进行渲染，效果如图13-44所示，可以看到里面有灯管透出光的效果。

图13-44

第14章

材质制作技术

14.1 地板材质制作技术

地板材质制作。

Step 01 在3ds Max中建立一个参考物体，将［顶视图］最大化显示，在创面板中单击［基本几何体］中的［平面］，在场景中建立一个平面，作为参考物体，按M键打开材质编辑器，选择一个材质球，为［漫反射］添加一张瓷砖贴图，如图14-1所示。

Step 02 单击⬛［将材质指定给选定对象］按钮，将材质指定给平面，单击⬛［视口中显示明暗处理材质］按钮，在场景中显示一下，看一下它的效果，如图14-2所示。

图14-1

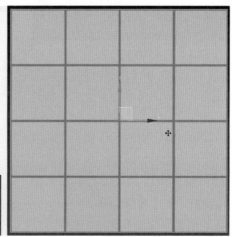

图14-2

Step 03 在［标准控制］卷展栏中将［预设类型］设置为［连续砌合］，如图14-3所示。

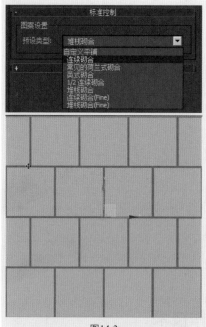

图14-3

Step 04 观察图14-3，这种错位的方式排列有点像地板的分割线。在下面的属性中可设置［水平数］为2，［垂直数］为8，如图14-4所示，横向少一点，竖向多一些，让它的分割线保证地板长宽比例。

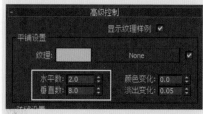

图14-4

Step 05 我们不需要确切地知道这个地板的宽度是多少，只需要知道这个长宽的比例就可以了。将［平铺设置］里的［纹理］的颜色设置为纯白色，调整［水平间距］和［垂直间距］为0.2，这样线就能细一些。将［砖缝设置］里的［纹理］颜色设置为黑色，让纹理与分割线的颜色对比强一些，如图14-5所示，地板材质就调完了。

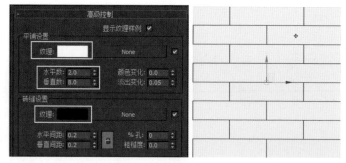

图14-5

下面对材质进行渲染。

Step 01 打开［渲染设置］窗口，在［公共］卷展栏中设置［宽度］为2000，［高度］为1500，把输出的尺寸设置得大一些，如图14-6所示。

Step 02 单击视图中左侧中间的［顶］选项，在菜单中选择［显示安全框］选项，打开安全框，并让它充分在安全框中显示，单击渲染按钮，渲染一张大图，单击渲染窗口中的保存按钮，将其命名为［地板材质］，保存为.jpg格式就可以，如图14-7所示。

图14-6

图14-7

Step 03 在Photoshop中打开渲染好的图片，然后打开地板素材（34170141）文件，如图14-8所示，给大家演示一下这个地板的制作方法。

Step 04 选择地板中的一块，将其拖曳到［地板材质］的图层中，注意它的缝隙要对齐，如图14-9所示。

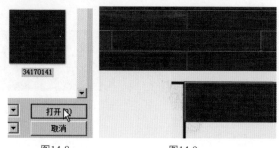

图14-8　　　　　　图14-9

这个素材比输出的参考线图片尺寸要小，所以素材拉大。

 真正制作的时候尽量不要随意去改动木纹材质的大小，因为无论是改大还是改小，图片都将会被压缩或拉伸，从而影响它的清晰度。这里仅作为演示，暂时先这样做。

Step 05 继续在地板素材文件的图层中选择其他的颜色，比如选择图14-10所示的颜色。

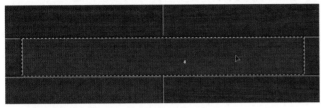

图14-10

Step 06 将它拖曳到［地板材质］的图层中，放到图14-11所示的位置。通过这种方式，保证了每一块地板的大小都是一样的。

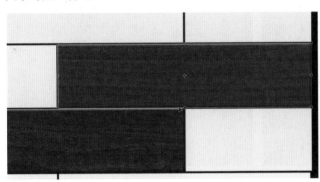

图14-11

Step 07 再来找第3种地板的样式，可以随意地把它摆放在一个位置上，如图14-12所示。

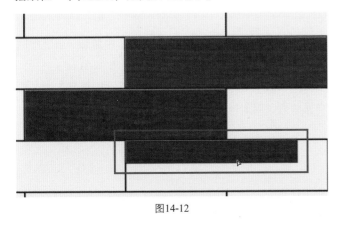

图14-12

目前来说，作为地板只有3种纹理的变化，是比较少的，所以在制作这个地板材质的时候要尽量选择多种木纹，不是说木纹的种类越多越好，而是说同样的木纹上面纹理的变化，以及颜色要相符合，这样才能放在一块地板上，目前的这个纹理中有两个颜色非常相近，所以可以把它的颜色修改一下，让它稍微有一些变化。

Step 08 可以把它的颜色降低一些，让它稍微有一点变化，也可以将它的方向调转一下，如图14-13所示。

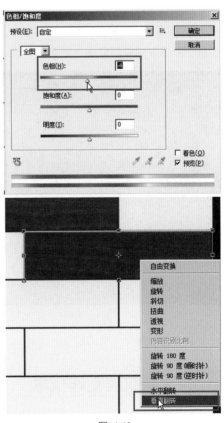

图14-13

Step 09 通过这些摆放，将这些地板块拼接在一起，通过这样的排列，最终得到的地板效果如图14-14所示。

Step 10 观察效果，地板颜色差别比较大，可以通过对色相以及饱和度的调整让它的颜色更接近一些，例如，可以调节它的色相饱和度，以及颜色的深

199

度，如图14-15所示。

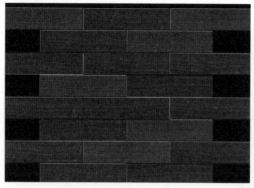

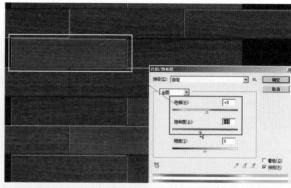

图14-14   图14-15

基本上要让它们的颜色比较平均，没有太大的出入。这就是对地板颜色做的最后的一次调整，效果如图14-16所示。

Step 11 对于一张贴图来说现在的这个样子是不可以的，还需要对它进行剪切。可以选择剪切工具，然后在这里对它进行剪切，如图14-17所示。

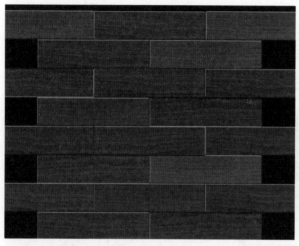

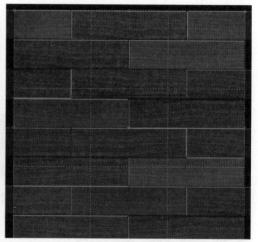

图14-16   图14-17

以上就是地板材质的制作方法。

14.2 无缝纹理制作技术

Step 01 在3ds Max中创建一个平面，并为其指定一个材质球，在［漫反射］中添加一张地板的素材贴图（37170141），单击 ▦ ［视口中显示明暗处理材质］按钮，在场景中显示出材质。

Step 02 选择平面，在修改面板中为其指定一个［UVW贴图］修改器，目前它的重复次数是两段，可以看到图中箭头指的位置有很明显的重复现象，如图14-18所示。

图14-18

作为地板或一个砖墙的样式来说，我们在贴这种材质的时候尽量让它是一个无缝的纹理，也就是没有这么多的明显的重复样式。为了改善这一点，我们必须将这个贴图重新编辑一下。

Step 01 在Photoshop中打开这张贴图，执行［图像>画布大小］命令，打开［画布大小］面板将它的尺寸设置［宽度］为84、［高度］为78，将尺寸加大，如图14-19所示。

图14-19

Step 02 双击［背景］图层，在弹出的［新

建图层］面板中单击［确定］按钮，将图层解锁，然后使用［魔棒］工具选择空白区域，并将其他部分删除，然后把地板纹理放到最左上角，如图14-20所示。

图14-20

Step 03 向右复制出一张，然后选择上面的两个再向下复制一次，如图14-21所示。

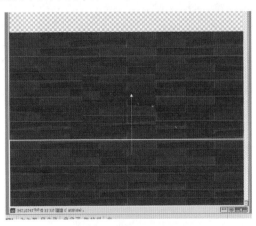

图14-21

Step 04 拼接上以后的样式就是在3ds Max中所看见的那种有重复的样式。在图层面板中选择所有的图层并先将其合层，如图14-22所示。

图14-22

Step 05 下面来处理具体重复的地方，使用［矩形选择］

工具，选择如图14-23所示的区域，然后复制出来一个，将它放在有重复的地方。

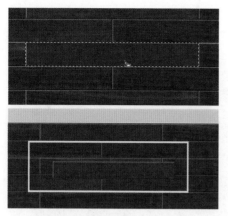

图14-23

Step 06 可以将其多复制出几个放置到有重复的位置，将地板的纹理重新调整一下，以减少纹理的重复性，如图14-24所示。

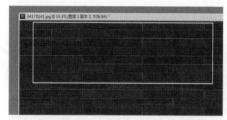

图14-24

Step 07 在很明显有重复纹理的地方都可以这样去做。从左到右检查一下纹理，如果还有重复的纹理，同样将其多复制几个进行摆放，如图14-25所示。

图14-25

Step 08 将调整好的图片保存到工作目录下，命名为［无缝地板］，格式为JPEG，如图14-26所示。

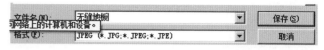

图14-26

Step 09 回到3ds Max中，将制作好的［无缝贴图］直接拖动到视图中的平面上，然后将［UVW贴图］修改器面板中的［U\V向平铺］设置为1，再次将这个地板在3ds Max中打开，如图14-27所示。

观察图14-28，这是原始贴图的大小，目前来看它还是比较自然的，没有非常严重的重复性。

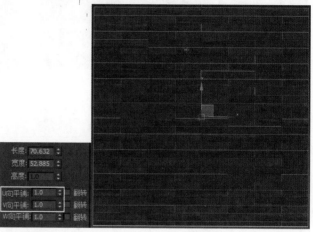

图14-27　　　　　　　图14-28

如果将［UVW贴图］修改器面板中的［U\V向平铺］设置为2或更大时，纹理就会出现重复的现象。

在UV的重复次数越来越多的情况下，我们需要去找一张更大的贴图，这个大的贴图并不是尺寸大，而是在这一张贴图上的地板块比较多，地板块越多效果越自然，这种重复性就越小。

制作无缝纹理还可以利用一些插件，且制作起来速度也比较快，但是为什么没有用这个插件呢？也不推荐大家去使用这个插件，因为它是通过横向和纵向的叠加来完成这个无缝纹理制作的，如果叠加不好，这个纹理有可能就会叠加到一块，使最终效果变得很虚。对一个高质量的贴图来说，这个不太好用，所以我没有给大家讲解这个软件，也不推荐大家使用。

以上就是无缝纹理的制作方法。

14.3 假反射效果制作技术

　　图14-29所示是已经渲染好的效果图，但是有些地方的反射效果不理想，如果要重新渲染的话会占用很多的时间，这里我们通过在Photoshop做一个假反射的效果，来解决这个问题，从而增强地板的反射效果。

图14-29

　　Step 01 在Photoshop中打开图片，然后选择作为反射的区域，如图14-30所示，将它复制，粘贴一次，然后按Ctrl+T组合键，并单击鼠标右键，在弹出的菜单中选择［垂直翻转］，将它的方向垂直翻转一下，如图14-31所示。

图14-30

图14-31

　　Step 02 翻转后，把它放在瓷砖的位置，这个位置的瓷砖基本上是不被反射到的区域，如图14-32所示。横向的位置对齐，然后将上面反射不到区域删除，如图14-33所示。

图14-32

图14-33

　　Step 03 在图层面板中，调整该图层的不透明度为50%，让它半透明显示，如图14-34所示。

图14-34

Step 04 地板的反射是一个模糊反射，所以最下边基本是反射不到什么景象的，这里使用［橡皮擦］工具将最底端擦除一些，不要让它反射的物体那么清晰，如图14-35所示。

Step 05 通过这种方法得到的假反射的效果，如图14-36所示。

图14-35

图14-36

这样地板的假反射就制作完成了，下面制作右侧橱柜上的反射效果。

Step 06 使用同样的方法，先选择能够被反射到的区域，如图14-37所示。

Step 07 同样将它复制，粘贴一次，按Ctrl+T组合键，并单击鼠标右键，在弹出的菜单中选择［水平翻转］，将它水平翻转，放置到放橱柜的位置，如图14-38所示。

图14-37

图14-38

Step 08 同样将其图层的不透明度调整为50%，如图14-39所示。

Step 09 在橱柜上能够看到的反射区域应只是前面的部分，侧面是看不到反射的，所以选择侧面的部分，将其删除，如图14-40所示。

图14-39   图14-40

Step 10 还是通过橡皮擦工具把一些不要的地方擦除，这种反射效果是非常强的，像镜子一样，但是这种反射效果并不符合我们的要求，可以通过在图层中的叠加方式，来解决这个问题。将图层2的叠加方式设置为［柔光］，然后调整［不透明度］为86%，如图14-41所示。

Step 11 同样的道理，橱柜上的反射也具有一定的衰减，所以应将最边上的位置虚化一点，如图14-42所示。

图14-41　　　　　　图14-42

以上就是通过Photoshop来制作假反射效果的方法。

14.4 假光源效果制作技术

在图14-43中除了有一个天光之外没有任何的室内光源，对于这样的图我也不想在3ds Max里面重新渲染，我们可以在Photoshop中做一个假的光源。

图14-43

Step 01 在Photoshop中打开场景图片和灯光图片，将灯光图片拖曳到场景图中，想在这个画框上面制作一个光照的效果，如图14-44所示，可将灯光图放到这个位置，设置［不透明度］为50%。

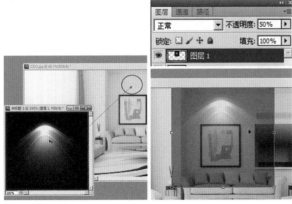

图14-44

Step 02 调整位置和大小，设置图层的混合模式为［滤色］，如图14-45所示，得到的效果如图14-46所示。

图14-45

图14-46

Step 03 这个效果不强，可再次复制一下这个图层，让它变得更亮一些，并且把它的不透明度还原为100%，如图14-47所示，效果如图14-48所示。

图14-47

图14-48

Step 04 观察效果图的细节，观察有些多余的边，可使用［橡皮擦］工具将其擦掉，如图

14-49所示。

Step 05 在场景中通过假光源的方式叠加一张图片,从而得到这种光照的效果,但这毕竟是一个假的效果,所以它不会像3ds Max里面那样直接照射出光亮,所以需要特意在灯下方所照射的范围内使用［涂抹］工具在靠枕上加亮一些。这样才能体现出上面有灯照着的效果,如图14-50所示。

图14-49

图14-50

以上就是假光源的制作方法。

14.5 旧材质的制作方法

图14-51所示的是一个楼面的贴图,它本身就已经很旧了,我们需要在上面做一些水渍的效果。

图14-52所示的是一个黑白贴图,我们使用这个黑白贴图对楼面制作水渍的效果。

图14-51

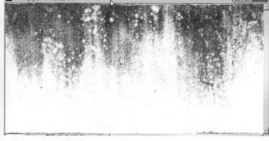

图14-52

Step 01 将黑白贴图拖曳到楼面图上,并把它缩小一些,摆放到如图14-53所示的位置上,然后再复制出一个,放置到右侧,并将复制的两个图层进行合层,如图14-54所示。

图14-53

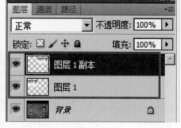

图14-54

Step 02 将合并后的图层设置为［混合模式］的图层叠加模式,设置［不透明度］为64%,如图14-55所示。

效果如图14-56所示,增加了许多细节,下面将窗户上的污渍擦除。

图14-55

图14-56

我们需要把窗户的位置及屋檐下的这一部分也进行简单的处理。

Step 03 使用［多边形套索工具］选择如图所示的区域，使用［橡皮擦］工具将窗户区域的污渍擦除，如图14-57所示，按Ctrl+D组合键取消选择。

图14-57

Step 04 屋檐下的颜色有些不自然，所以也

需要对它进行简单的处理，在这里同样使用［橡皮擦］工具进行擦除，如图14-58所示。

图14-58

最终效果如图14-59所示。这是一种非常简便快捷的方法，我们可以在墙体上任意去加一些东西，如文字、涂鸦等。

图14-59

以上就是旧材质的制作方法。

APPENDIX

附赠火星精品视频——VRay材质表现速查

视频内容

3ds.Max&VRay 室内材质表现白金手册

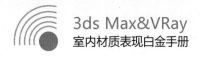